中国科协科普部
中国金属学会
支持出版

钢铁是怎样炼成的

科普系列集（上）

陕西省金属学会　编

陕西省科学技术协会资助

北　京
冶　金　工　业　出　版　社
2021

图书在版编目（CIP）数据

钢铁是怎样炼成的科普系列集．上／陕西省金属学会编．—北京：冶金工业出版社，2016.12（2021.8 重印）

ISBN 978-7-5024-7361-7

Ⅰ．①钢…　Ⅱ．①陕…　Ⅲ．①钢铁工业—普及读物　Ⅳ．①TF-49

中国版本图书馆 CIP 数据核字（2016）第 246721 号

出 版 人　苏长永

地　　址　北京市东城区嵩祝院北巷 39 号　邮编　100009　电话　(010) 64027926

网　　址　www.cnmip.com.cn　电子信箱　yjcbs@cnmip.com.cn

策划编辑　任静波　责任编辑　曾　媛　任静波　美术编辑　吕欣童

版式设计　吕欣童　责任校对　李　娜　责任印制　禹　蕊

ISBN 978-7-5024-7361-7

冶金工业出版社出版发行；各地新华书店经销；北京博海升彩色印刷有限公司印刷

2016 年 12 月第 1 版，2021 年 8 月第 2 次印刷

710mm × 1000mm　1/16；8.5 印张；122 千字；121 页

45.00 元

冶金工业出版社　投稿电话　(010) 64027932　投稿信箱　tougao@cnmip.com.cn

冶金工业出版社营销中心　电话　(010) 64044283　传真　(010) 64027893

冶金工业出版社天猫旗舰店　yjgycbs.tmall.com

（本书如有印装质量问题，本社营销中心负责退换）

《钢铁是怎样炼成的科普系列集》

编 委 会

综合篇撰写人员　陈湘法　罗万江

矿业篇撰写人员　李吉利　王亚强　魏颜磊　马耀辉

张　西　岳文龙　李正乾　石　涛

序

钢铁从一开始出现就改变着人类的生活。人类使用铁器制品始于西亚，距今至少已有 5000 多年历史。早在远古时代，人类就开始利用金属了，不过那时利用的是自然状态存在的少数几种金属，如陨石铁。后来才逐渐发现了从矿石中提取低熔点金属如铅、锌、铜及其合金的方法，之后又冶炼出了铁。时至今日，人类利用的金属种类已日益增多，到 19 世纪末，规模使用的已达到了 50 多种。在 20 世纪初及中期，冶金工业得以迅速发展。元素周期表中有 92 种是金属元素，其中具有工业意义的约 75 种，而钢铁在人类经济活动和社会生活中发挥的重要作用，迄今仍无其他材料可以替代，钢铁冶炼的技术也伴随着人类的发展而日益成熟。

钢铁兼具功能与结构材料于一身，到目前为止，尚未发现一种能撼动钢铁“工程材料之王”地位的新材料。鉴于钢铁具有丰富的资源和优良的性能禀赋，特别是它的可循环利用性（即废钢→冶炼加工→产品→废钢），更增加了钢铁产业的生命力和发展前景。在可预测的未来中，在工程材料领域里钢铁仍将独领风骚。

钢铁工业是我国重要的基础工业，在国民经济和社会发展中占有十分重要的地位和作用。中国钢铁工业发展到今天，足以令每位中国人骄傲和自豪。我国粗钢产量从新中国成立之初的 16 万吨，到

1996年首次突破亿吨并成为世界头号产钢大国，在此之后的19年间，我国粗钢产量不断登上新的台阶，2015年已突破8亿吨，占居世界钢铁产量一半。我国的钢铁不仅满足了国民经济发展的需要，还出口到世界各地。放眼望去，从百姓的日常生活用品如刀、叉、勺、锅、碗、瓢、盆，到与国民经济发展息息相关的船舶、汽车、高铁、石油管道等，到处都有钢铁产品的身影。

近年来，我国经济发展进入了新常态，钢铁工业也出现了新情况和新问题。目前钢铁工业发展面临着产能过剩的问题和效益大幅下滑的困境，亟待进行供给侧结构调整。这是钢铁工业发展过程中的问题，也是欧、美、日等钢铁业发达的国家和地区曾经遭遇过的问题。

今后我国钢铁工业的发展必须要坚持“五大发展”理念，通过技术创新把最新的科学技术成果应用到钢铁领域，改造钢铁装备，优化工序结构。用大数据、互联网+等融合到钢铁生产、市场、企业管理等方面，实现钢铁生产装备智能化，市场、管理网络化；坚持绿色发展的理念，实现钢铁低碳、循环、绿色、可持续发展，彻底改变钢铁是排碳、排污大户的形象。因此，非常有必要普及钢铁知识，让人们认识、了解钢铁工业，关心钢铁事业的发展。

陕西省金属学会组织编撰了《钢铁是怎样炼成的科普系列集》，该系列集面向社会，面向青少年，撒播钢铁知识的种子，提高人们的科学素质，这是一件很有意义的好事。钢铁科技工作者将自己从事领域的知识，以通俗易懂的科普方法回馈社会，也是一种责任和义务。本系列集30多名作者大多来自陕西省钢铁生产、科研一线，在繁忙的工作之余进行科普创作，这种甘于奉献的精神难能可贵。

我国各行各业的发展离不开一支具有高素质的产业大军，也需要强大的后备力量。科普是一盏点亮科学心田的明灯，是提高国民科学素质的有效途径。我寄希望于有更多的部门、单位重视和关心科普事业，也希望全国冶金战线有更多科技工作者热心投身于科普创作，为全国人民创作出更多、更优的冶金科普读物，乐见它们能在祖国的科普百花园中尽情地争奇斗艳！

徐匡迪

2016年10月

前 言

正当我国钢铁产业处在转型升级阶段，进入改革、创新、循环、绿色、可持续发展的关键时期，陕西省金属学会组织编写的《钢铁是怎样炼成的科普系列集》出版了，这是送给钢铁行业干部、职工，以及关注、关心、支持钢铁工业发展的人们的一份厚重礼物，借此向他们表达诚挚的敬意。

《钢铁是怎样炼成的科普系列集》虽承前苏联著名小说《钢铁是怎样炼成的》之名，却是钢铁炼成的真实写照。用现实、科普的写作手法，以钢铁生产工序为主线，全面、深入地讲述了钢铁生产全过程，其中包括发展史、主要生产装备、重要工艺技术及安全环保等，主要面向钢铁企业干部、职工，以及社会上从学生到成人各阶段的人群，普及钢铁知识，传播钢铁技术，弘扬钢铁文化，回味钢铁历史，展望钢铁未来。

本书由综合、矿业、炼铁原料、炼铁、炼钢、塑性加工成型和安全环保等部分组成。其中，综合篇主要综述了钢铁的基础知识、历史和文化，使读者从中品味我国钢铁业发展源远流长的历史和博大厚重的文化，领略钢铁科学技术“点石成金”的神奇和魅力，感受钢铁生产铁水奔流、钢花飞溅的壮观景象。其他各篇章分别从专业角度普及钢铁生产知识，讲解设备操作，介绍新技术、新产品。为了突出钢铁生产中安全、环保的重要性，在生产环节外增设了安全环保篇。本书力求按科普写作要求，深入浅出，通俗易懂，使作品体现出科学性、普及性、趣味性。各篇主题鲜明、图文并茂、生动有趣，是目前较为全面、系统地介绍钢铁冶金生产知识的科普读物。

钢铁产业是一个庞大的工业体系，涉及的知识面广、工艺复杂、科技含量高。参与编写本书的均是来自钢铁战线一线岗位的科技工作者，多达30余人，他们以前从未涉足过科普创作，要全面驾驭钢铁生产知识体系，深入浅出地介绍钢铁生产工艺流程，开展科普创作困难重重。为了更好地完成编写工作，四年来陕西省金属学会多次组织科普创作培训，聘请专家指导、建立网络，便于写作人员之间的创作交流，尽可能为写作人员创造条件。初稿出炉后，又组织专家评审组进行了多次评审和修改，并对作品在思想性、科学性、专业性等方面进行把关，力求做到科学普及与文学艺术相结合。《钢铁是怎样炼成的科普系列集》是编写者的心血之作，也是这项工作所有参与者共同的智慧结晶。

在编写过程中，我们得到了中国科协科普部、中国金属学会和冶金工业出版社领导和有关人员的指导和帮助，得到了陕西省科学技术协会和陕西钢铁集团公司等单位领导的关心和支持。在此，向所有关心、支持我们的单位和个人表示衷心的感谢！

本书在编撰过程中，参考了相关图书、文献中的部分内容，对相关作者表示感谢！

由于水平所限，书中难免有不妥之处，敬请读者批评、指正。

编　者

2016年5月

目录

·综合篇·

·矿业篇·

综合篇

20 世纪 50 年代，一部前苏联作家奥斯特洛夫斯基创作的优秀长篇小说——《钢铁是怎样炼成的》风靡全中国。主人公保尔·柯察金在艰苦的革命战争年代中成长的经历感动了千千万万的中国青年，特别是主人公的一段话：“人的一生应该这样度过：当回忆往事的时候，他不会因虚度年华而悔恨，也不会因碌碌无为而羞愧”成为许多青年的座右铭，激励他们为实现理想而奋斗。《钢铁是怎样炼成的》是以冶炼钢铁比喻人的成长，是钢铁文化的升华。今天，我们要带你走进的是一个钢铁是怎样炼成的真实现场，让你零距离地欣赏到铁水奔流、钢花飞舞的壮观景象，领略钢铁源远流长的历史和博大厚重的文化，感受到钢铁的神奇和魅力。

现在，就让我们一起走进五彩斑斓的钢铁世界。

第一章 | 走进五彩斑斓的钢铁世界

第一节　品味钢铁

钢铁是一个老幼皆知的名称，也是我们生活中离不开的东西，生活中到处都有钢铁，大到火车、汽车，小到手机、发卡。一个人从呱呱落地就开始接触钢铁，是医生用不锈钢制的手术剪子剪断脐带把母子分开的。现代生活中没有人能离开钢铁，钢铁与我们如影相随。

钢铁是什么？不同人有不同的品味。

专业人士说，钢与铁不是同一种物质。铁是一种铁碳合金，是在冶炼铁矿石时，焦炭中的碳与铁元素结合的产物。铁与碳的结合，使铁的碳含量增加到4.3%，铁变成了铸铁，也就是我们平常说的生铁。生铁最大的用途是作为炼钢原材料。钢也是铁与碳的合金，只是碳含量被控制在2%以下。钢还可以加入其他合金元素变成合金钢。与铁相比，钢的品质与特性发生了翻天覆地的变化。钢可以通过调整合金成分、热处理等手段，得到许多不同性能、不同用途的钢，大大扩大了钢的应用范围。

钢铁是什么？钢铁是文明之基石，是国家之脊梁，也是人类坚强意志的象征，是人类文明的组成部分。

第二节　崇拜与敬畏中的钢铁文化

钢铁的基本色是黑色的。无锈的、反射面光滑的钢铁，对光的反射率约为60%，乌黑而有光泽，所以人们称之为黑色金属。铁或钢貌不惊人，没有像黄金那样闪烁着灿烂的光芒，也没有被人们视为财富和高贵的象征，受人们青睐、崇拜和追求。但是，钢铁一诞生就展示了它优良的特性，迅速地代替了青铜器，让人类步入了铁器时代。钢铁出现初期，是十分宝贵的珍品。尤其是钢铁的“三坚”，即坚强、坚韧、坚硬令人们崇拜和敬畏，进而逐步形成了钢铁文化。例如，古代剑文化的产生和发展就是钢铁文化的重要组成部分。

早期铸剑难度大、成本高，因此只有那些富有而又有权势的人才能获取优质、美观、锋利的宝剑，于是剑逐渐成了帝王将相权势的象征，钦差大臣外巡时，接受皇帝赐予的“尚方宝剑”，有先斩后奏的特权。

在十八般传统兵器中，剑被称为“百兵之帅”。在武行中剑作为防身兵器，后来配上剑鞘、剑穗，刻上花纹，再加上一些装饰品，多由名士贵族佩带，久而久之被大众视为有智慧、有内涵、有身份的人的象征。

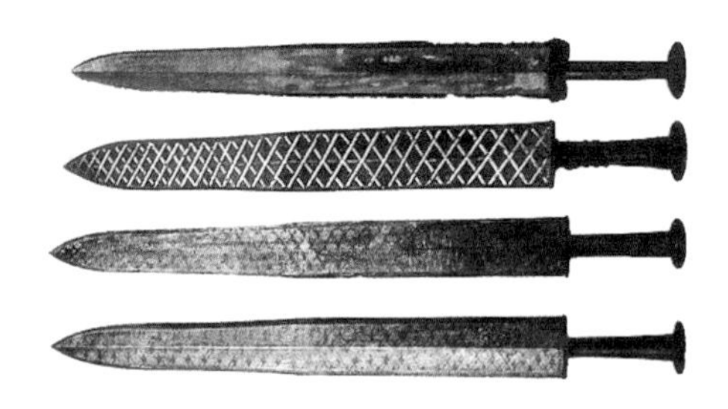

铸剑

在我国悠悠的历史长河中，出现了许多以钢铁或铁制品为素材的成语、故事和历史，把钢铁文化上升到新高度。“铁壁铜墙”，指铁打的壁、铜造的墙，比喻十分坚固，坚不可摧。“铁石心肠”，指像铁和石头一样的心肠，形容人的心肠硬，不为感情所动。“铁杵成针”，也就是我们说的“只要功夫深，铁杵磨成针”，杵是舂米或捶衣服的棒，把铁杵磨成针，可见功夫之深，可与“铁砚磨穿”“绳锯断木”“水滴石穿”相媲美。传说唐代大诗人李白，小时候不喜欢读书，一日趁老师不在，溜出去玩，在路上碰到一位老大娘正磨铁棒，李白问“磨铁棒做什么啊”，老大娘说想磨根针。聪明的李白深受感动，立刻明白了其中的道理，从此奋发努力，终于成为“斗酒诗百篇”的诗圣。这是一个励志成才的故事。铁杵磨成针需要花费功夫，需要持之以恒、坚持不懈的奋斗精神。千百年来，有多少父母用“铁杵成针”的精神教育、激励少年励志成才。

博大精深、底蕴深厚的钢铁文化还渗透到生活、文化、军事、人文等方方面面。一支军队，有强大的战斗力，战无不胜，攻无不克，人民称之为“铁军”，意为有像钢铁一般的坚强意志。在古代战争中，骑兵速度快、机动灵活，具有强大的冲击力，同时战马上配有铁甲，人们称之为“铁骑”。南宋爱国诗人辛弃疾在《永遇乐·京口北固亭怀古》词中，有一句流传千古的名句：“想当年，金戈铁马，气吞万里如虎”，描述的是南北朝时期杰出的政治家，卓越的军事家、统帅刘裕，两次领兵北伐，收复洛阳、长安等失地时，那种战场上风卷残云的磅礴气势。直到今天，我们仿佛还能看到，刘裕指挥千军万马，挥舞着长矛战刀，以气吞万里如虎之势冲破敌军防守，收复失地的壮观战斗场景。

■ 金戈铁马

保卫祖国需要有一支强大的军队。中国人民解放军有铁的纪律、钢铁般的意志，是保卫祖国的“钢铁长城”。中国人民解放军战士英勇顽强，是英雄的钢铁战士。在军事领域的钢铁文化中，钢铁是英雄的象征、意志的象征，是强大战斗力的象征。

“铁砚磨穿”的成语故事，说的是有一个叫桑维翰的秀才，参加进士考试，主考官看到他的姓就讨厌了，认为“桑”和“丧”同音，感到不吉利，刁难桑秀才。有人劝桑不必参加进士考试了，可以通过其他途径做官。他却拿出铁砚给人看，说只有把它磨穿了我才会放弃考试，改为其他途径求仕。后来他终于考中了进士。人们把“铁砚磨穿”形容学习非常勤奋刻苦、意志坚韧的人。有人还把写得一手好文章的人称之为“铁笔”。在“铁笔”之下，笔底波澜，才华横溢。成语“铁画银钩”中的“画”为笔画，“钩”为钩勒，形容笔画似铁，钩勒如银钩。唐代欧阳询《用笔论》中说只有“徘徊俯仰，容与风流，刚则铁画，媚若银钩”，“铁画银钩”形容书法刚劲、秀丽。

在司法中，“铁”意味着公正、正义。法律应该是“铁律”，不能朝令夕改，任何事都应遵纪守法。办案中一定要以法律为准绳，以事实为依据，铁面无私，不徇私枉法，办案件要铁证如山，经得起时间的考验。

在生活中，形容两个人关系很好，可以说是“铁哥们儿”或“关系很铁”。形容一个人不为感情所动，可以说真是“铁了心”了，或者说“铁石心肠”。

在现代，人们对钢铁文化有了新的传承和发展，把对钢铁崇拜和敬畏发扬成为一种钢铁精神。这种精神就是在任何艰苦条件下，任何困难情况下，都经得起千锤百炼，打不烂、拖不垮，永远立于不败之地。

第三节　钢铁王国的神奇与魅力

钢铁或铁金属，看上去是黑乎乎的，摸一摸是冷冰冰的，哪儿有一点可爱的模样？可是，在钢铁人看来，它是用汗水和智慧浇灌出来的活灵活现的“小精灵”。当我们走进它们的王国世界时，展现在我们面前的是“神奇与魅力”，不信？且看下面。

一、从“蛹”到“蝶”的蜕变

在生物界中，蜕变是指青虫变蛹、蛹化蝶的形态变化。在金属世界中，蜕变是指金属组织的晶体结构发生了状态的变化。

金属在非常高的温度下，能变成气体（气相），就像水在100℃时沸腾变成水蒸气；在温度下降时，由气体变成液体（液相），就像水蒸气在100℃以下时变成水，这个温度称为沸点。液相的温度继续下降变成固体，就像水冷却到0℃时，水结冰变成了固体。金属固体都具有一定的晶体结构，即内部原子是以一定的结构排列的。某些金属的变态就是金属的晶体结构随温度和压力的变化发生了突变，即在金属成分没有受到任何改变的情况下，由一种结构变成了另一种结构。在金属学里称为同素异晶转变。

铁金属是同素异晶转变的佼佼者，任何其他金属都不是它的对手。在室温下，铁的晶体排列是体心立方结构，称为 α-Fe，如果我们从多晶体中把单个晶体取出来看，是一个立方体，并在立方体的 8 个角各排列一个原子，立方体中间排列一个原子，如图所示。当温度上升到 912℃时，铁变成了面心立方结构，叫 γ-Fe。当温度进一步升高，达到 1394℃时，铁又变成了体心立方结构。在铁成分没有改变的情况下，晶体结构发生了变化，使铁金属的性质发生了非同小可的变化，例如铁的铁磁性特征消失了，面心立方体的热加工性能优越了，其他一些性能也都发生了变化。

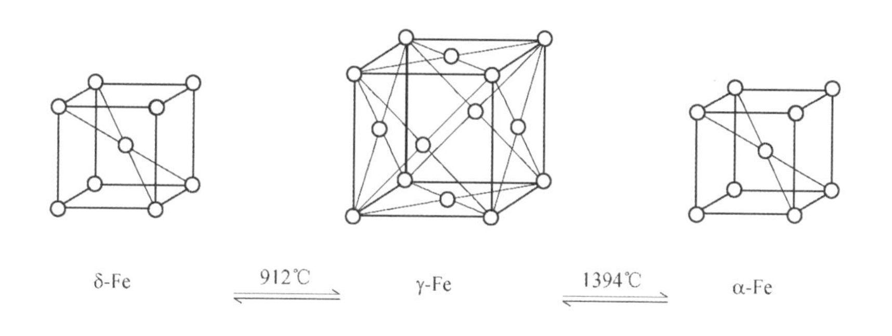

铁晶体的结构变化

在金属的世界里，除铁外，能够发生同素异晶变态的金属还有钛、钴和锡等。

当我们了解和掌握钢或其他一些金属的这种同素异晶变态后，就可以做到因势利导、趋利避害。面心立方晶体有较好的延展性，容易轧制、锻造，通过加热到面心立方体形成区域进行热加工，或者通过冷却的方法冷到常温，保留上述的晶体结构进行冷轧、冷锻等冷加工，这就是我们常说的热处理。

二、钢铁能变成“玻璃”吗？

说到玻璃，这是大家最熟悉不过的东西了。玻璃很脆，光滑、透明。而钢铁呢，有硬度，有强度，有韧性，广泛应用于工程材料。从内部组织看，玻璃不是晶体，原子排列是随机的不规则的，没有固定的熔点，加热固态的玻璃到了一定的温度后，逐渐变软、慢慢开始熔化（达到软化点），在物理性能方面为各向同性（即各方向物理性能相同），塑性变形大，具备了非晶态的特点。钢铁是晶体材料，则原子排列是有规则的，从液态变固态时，有凝固点（在某一温度下，液态金属开始凝固，这一温度即为该金属的凝固点），在物理性能方面具有各向异性的特点（即各方向的物理性能不同）。

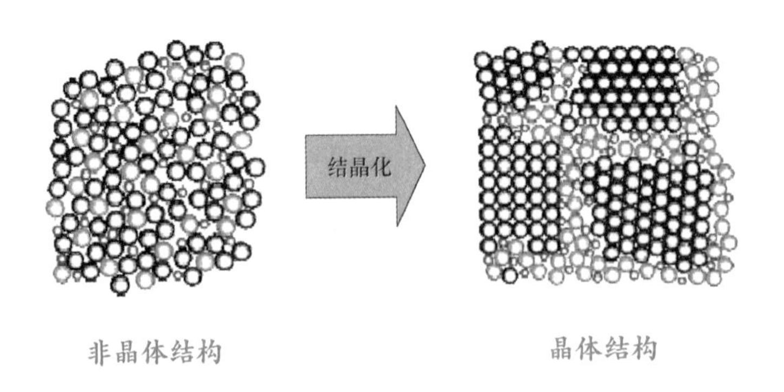

■ 晶体和非晶体结构的变化

晶体的钢铁能变成非晶体的玻璃吗？在一定条件下是可以实现的。

在20世纪50年代，冶金科学家们发现某些金属熔液在每秒一百万摄氏度的速率下冷却时，它们形成了像玻璃特性的金属，我们称这种金属为金属玻璃，又称非晶态金属。通过对这些金属玻璃的研究，发现它们有许多意想不到的结果。它既有金属和玻璃的优点，又克服了它们各自的缺点，如固态玻璃易碎，没有延展性，以及金属晶界（晶粒的边界）对金属一些性能的负面影响。金属玻璃既有强度、硬度，又有韧性和刚度，克服了晶体金属要求有高强度、高硬度就会降低韧性和塑性的矛盾。所以人们赞扬金属玻璃为“敲不碎、砸不烂”的“玻璃王”。

目前，要大规模生产非晶态材料仍有困难，主要是怎样才能达到百万级的冷却速率和找到具有特殊性能的非晶材料。我国已经研制出以铁、镍为基本成分的非晶态磁性材料，并投入工业化生产，达到了较高的科学技术水平。

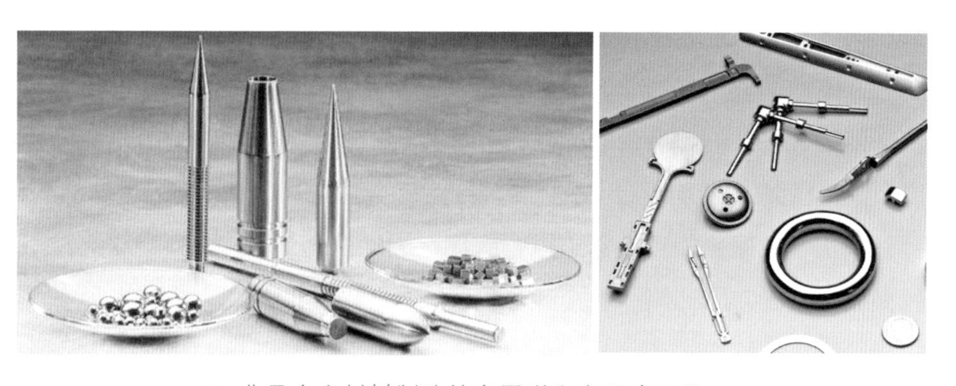

■ 非晶合金材料制造的穿甲弹和高强度工具

世界上一些科学家正在研究一种生产超强、富有弹性或磁性特点的金属玻璃方法，并希望获取金属玻璃形成时所发生的金相组织的变化状况。对钢铁非晶态的研究，为国防军工提供高硬度、高磁性、耐高温的工程材料、功能材料具有十分重要的意义。

三、钢铁的有磁和无磁，磁性的“软”和“硬”

儿时，家里不知从哪里弄了一块马蹄吸铁石，它奇妙的吸铁功能让邻居小伙伴们目瞪口呆。一会儿吸一吸菜刀、小手锤，一会儿吸一吸铝锅、玻璃，有的吸住了，有的没有被吸住，被吸住的东西离开时，总有一股看不见，却能感觉到的吸引力。吸铁石的磁性曾经让少年时的我产生过许许多多的遐想。

有些金属制品被磁石吸引，是因为靠近磁石时，金属本身就会产生磁性。这种性质称为超磁性，有这种性质的金属就是强磁性金属。在常温下，我们已发现过渡金属中只有铁、镍、钴三个强磁性元素，在稀土金属中，钆金属（Gd）在常温下也具有强磁性。因此在常温下有 4 种金属元素具有强磁性，也就是说，只有它们才能被吸铁石吸引。

强磁性金属在室温下为什么有磁性能？说来话长。在现代科学中有一种“磁学理论”，解读了铁磁性物质许多奥秘，简单地说，金属的磁性是由原子中的电子的运动产生的。磁性可分为电子的自转（旋转）产生的自旋磁矩和电子围绕电子轨道运动产生的轨道磁矩。这两种磁性叠加在一起表现为磁性。

铁磁性金属或合金，通过加热提高它们的温度，人们发现，到某一温度后，磁性消失了！为什么磁性不见了呢？原来铁磁性物质不是在任何温度下都是有磁性的，有磁和无磁的分界线温度就是居里温度。在居里温度以下，磁性金属内部电子运动是有规律的；当温度升高时，电子运动加快，打破了正常秩序，相互抵消了原有磁场；温度升高到居里温度以上，磁性就彻底消失了。

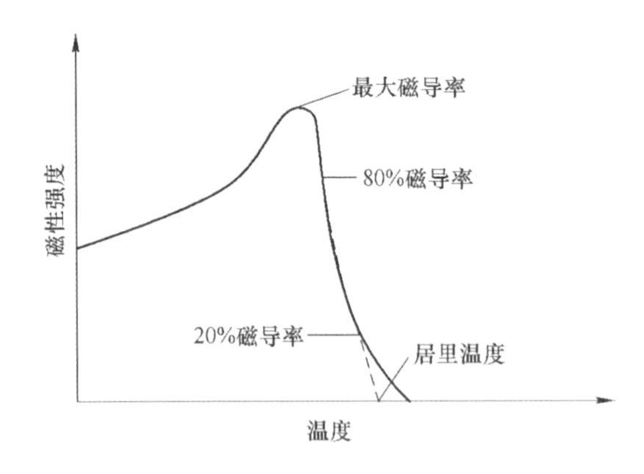

铁磁性金属或合金磁性随温度的变化

材料学科学家利用铁磁性金属研制了许多具有高性能磁性材料。在三种强磁性金属中，最廉价的是铁，而镍和钴金属在我国是一种稀缺的战略物资。因此在研制磁性合金时，尽可能使用以铁为基础的磁性材料。

磁性材料是一个大家族。但所有磁性材料可以分成两大类，一种是在强磁场中被磁化，离开磁场后成为带磁性的金属，被称为硬磁材料；一种是只有在通电情况下，才具有磁性的金属，被称为电磁材料，也叫软磁材料。这就是磁性的“软”和“硬”。

我们目前所应用的磁性材料有廉价、用量最大的硅钢片，这是一种软磁材料，主要用于制作各种电动机、发电机、变压器的铁芯材料。硅钢有很高的导磁性能，在运转过程中，能将电能转化为磁能，再将磁能转变成机械能、热能等能量，使各种电动机、发电机和变压器运转起来。还有廉价、应用范围广的铁氧体硬磁材料，主要原材料为铁的氧化物，这种材料充磁后，残留磁强度高所以称为永磁铁氧体，又称为铁氧体磁钢，我们平常见到的吸铁石就是这种材料。另外还有一种科技含量高、性能优越的永磁材料钕铁硼永磁合金，它是在铁镍永磁材料中加入稀土材料钕元素以及非金属材料硼元素，这种产品磁性能指标已经达到先进水平，被广泛应用于高科技领域。

永磁铁氧体

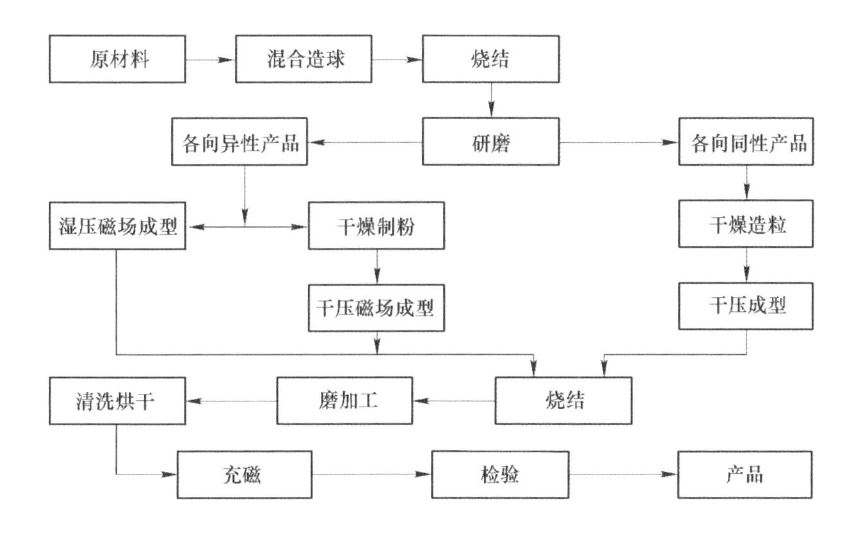

永磁铁氧体制造工艺

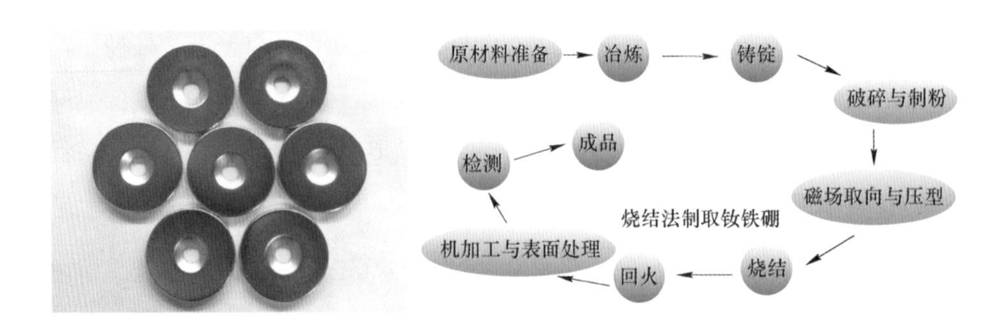

钕铁硼永磁合金及其制造工艺

四、受热不膨胀、受冷不收缩的合金

热胀冷缩是人人都知道的一种物理现象。人们在日常生活生产中常常会利用热胀冷缩现象解决问题。例如温度计——测温仪器的总称，就是利用固体、液体、气体的热胀冷缩现象而设计的。

热胀冷缩也有许多不利的方面。在工程设计、机械制造、施工中，都需要考虑由于热胀冷缩带来的问题和影响。铺设道路、桥梁、建筑物等衔接处，为了防止热胀冷缩带来的破坏，设计有伸缩缝。安装管道时，在管道拐弯处设计成U形。夏天，电工在架设电线时，电线不能绷得太紧，以防到了冬天电线收缩造成断裂。对于许多重要的仪器、仪表、精密设备，都需要在温度变化中能够保持稳定的尺寸，也就是在一定温度范围内由于热胀冷缩产生的应力应尽可能地处于可承受范围内。因此，人们迫切期望能够找到一种金属材料能承担起这一使命。在科学家们的努力下，这种金属材料终于被发现了，它就是低膨胀合金。

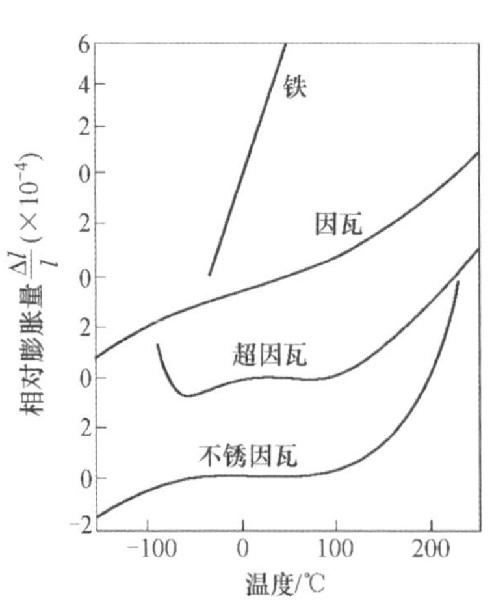

1896年，瑞士物理学家夏尔·爱德华·纪尧姆发现一种奇特的合金，这种合金叛逆了热胀冷缩的“天经地义”，在居里温度附近热膨胀系数显著减小，出现了反常膨胀现象，从而可以在室温附近很宽的温度范围内，获得很小的、甚至接近零的膨胀系数。这种合金属于铁镍合金系列中的一种，成分为铁占64%，镍占36%，我国

的合金牌号为4J36，名为因瓦合金，即体积不变的意思，中文俗称殷钢。这个卓越的合金对科学进步的贡献如此之大，致使纪尧姆获得1920年的诺贝尔物理学奖，在历史上他是第一位也是唯一的科学家因一项冶金学成果而获此殊荣。

在因瓦合金的基础上，人们又研制出超低膨胀、定膨胀合金。超低膨胀系数的合金是在因瓦合金中加入约4%钴，把镍含量降低至32%，同时严格控制合金中的杂质含量，获得了膨胀系数几乎为零的合金。随着低膨胀系数合金的发现，又进一步开发出Fe–Ni–Co–Cu、Fe–Ni–Co–Nb等系列超因瓦合金，Fe–Ni–Co–Ti系列高强度低膨胀合金，Fe–Co–Cr系列不锈因瓦合金。这些合金广泛应用于一定的环境温度要求下，尺寸近似于恒定的元器件中，如精密仪器，光学仪器中的精密天平臂，标准件的摆杆、摆轮，大地测量基线尺，各种谐振腔，微波通讯的波导管，液态天然气储存罐，热双金属的被动层，用于人造卫星、激光、环形激光陀螺仪等高科技产品。

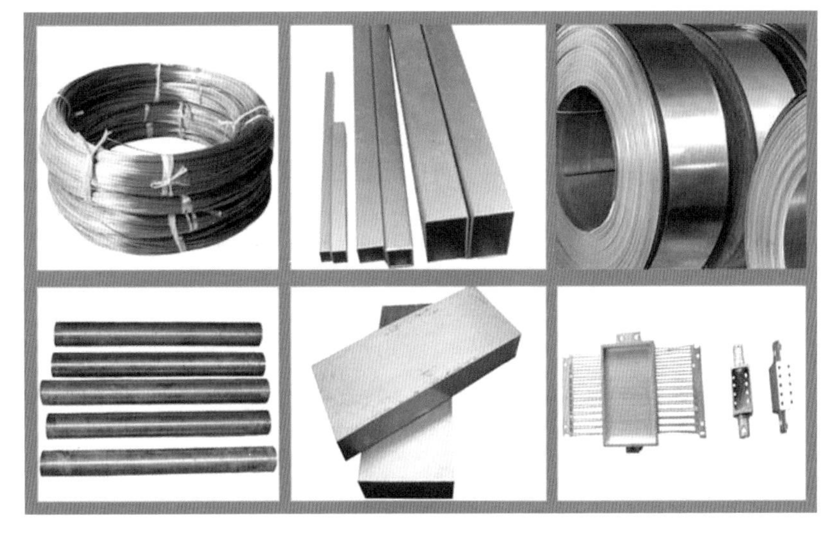

因瓦合金材料

为什么低膨胀合金有如此与众不同的性能呢？这同它们都属于铁磁性物质有密切的关系。一般认为，因瓦效应（热胀冷缩的反常现象）导致这些合金膨胀系数小，是由于在居里温度以下有大的正自发体积磁致伸缩的缘故，降温时，磁致伸长抵消了正常点阵收缩，从而出现室温下几乎为零的膨胀率。到目前为止，因瓦效应的真正成因仍有不同的认识，但可以肯定的是与铁磁性有关。

五、不锈钢真的会永远不锈吗?

不锈钢是钢铁产品大家族中引人瞩目的“大兄长”，它在大气中不像有些兄弟姐妹那样经不起风吹雨淋，不久就锈迹斑斑，出现一副衰败的景象。它以其不生锈，始终保持亮铮铮的仪态而引起人们的青睐。不锈钢被广泛应用在建筑、石油、海洋工程、军工等领域，凡是有腐蚀的地方都能见到它们的身影。不锈钢又被喻为“垃圾堆中的珍宝”，这是为什么呢?

第一次世界大战时，士兵用的步枪枪膛极易磨损。英国政府军部兵工厂委托英国科学家亨利·布雷尔利研究武器的改进。布雷尔利想发明一种不易磨损的适于制造枪管的合金钢。1913 年，在一次研究过程中，他把铬金属加在钢中试验，但由于一些原因，实验没有成功，他只好失望地把它抛在废铁堆里。过了很久，废铁堆积太多，待到要处理时，奇怪的现象发生了——所有的废铁都锈蚀了，仅有几块含铬的钢依旧是亮晶晶的。布雷尔利把它们拣出来并进行了详细的研究，他发现，含碳 0.24%、含铬 12.8% 的铬钢在任何情况下都不易生锈，即使酸碱也不怕。然而，由于这种钢太贵、太软，并没有引起军部重视。布雷尔利只好与别人合办了一个餐刀厂，生产“不锈钢”餐刀。这种漂亮耐用的餐刀一经问世立刻轰动欧洲，而“不锈钢”一词也不胫而走。布雷尔利于 1916 年取得英国专利权并开始大量生产。至此，从垃圾堆中偶然发现的不锈钢风靡全球，布雷尔利也被誉为“不锈钢之父”。

世界上有上百个不锈钢牌号,不锈钢实际上是各种不锈钢钢材的总称。不锈钢的组织成分主要是铁铬合金，当铬含量达到 10.5% 时，就会出现耐腐蚀的特性，暴露在大气中不容易被氧化和腐蚀。当铬含量不断提高后，其耐腐蚀性能也不断提高。同时为了适应各种不同环境对抗腐蚀的影响，以及提高钢材的力学性能、焊接性能、耐高温性能，在铁铬系列合金中加入镍、钛、钼、铌等合金化元素，因而出现了在各种不同环境中应用的不锈钢系列产品。

不锈钢按其金属组织可分为五种类型，即马氏体不锈钢、铁素体不锈钢、奥氏体不锈钢、奥氏体铁素体双相不锈钢和析出硬化型不锈钢等。其中前三种是用途非常广泛的不锈钢。

那么不锈钢为什么会不锈呢？不锈钢真的永远不会生锈吗？实际上，不锈钢产生不锈的机理是非常复杂和深奥的，它受到许多因素的影响和制约。不锈钢能否永远不锈要看它应用到什么样的环境，会不会水土不服。

不锈钢表面有一层致密的钝化膜。即使在恶劣的腐蚀环境中，钝化膜也能防止氧气或腐蚀介质与不锈钢接触，这时候不锈钢仿佛穿上了一件防锈衣。这件防锈衣就是铬被空气或水氧化生成的三氧化二铬。三氧化二铬结构致密，与不锈钢基体有极强的附着力，不会出现像碳素钢表面生成的三氧化二铁那样厚而疏松，容易脱落，起不到阻隔氧和其他腐蚀物侵入“机体”的作用。那么，不锈钢穿上了钝化膜这件防锈衣后，是否可以万事大吉，永远不锈了呢？其实不锈钢在防锈上存在着四大软肋，稍有不慎就会被腐蚀、生锈，这四大软肋就是沿晶界脆性、应力腐蚀开裂、σ 相脆化和孔蚀。

沿晶界脆性是从晶界开始生锈的腐蚀。不锈钢不生锈的条件是铬含量达到 12% 以上。但是铬与碳结合形成的碳化物会沿着晶界周边析出，从而降低了晶界周边铬浓度，在不锈钢的晶界上就会生锈。当温度上升到 600~800℃时，铬碳化合物就会大量析出，晶界铬含量更加贫化，晶界腐蚀就更为严重。

给不锈钢施加各种应力（如敲打、拉力、压力）处，也是最容易导致生锈开裂的地方，这种现象就叫应力腐蚀开裂。特别在沿海或海洋中，由于环境中会有较高的氯化钠、氯化钾成分，这种应力腐蚀开裂就更为严重。

铬含量较高的不锈钢容易产生一种叫作 σ 相的铬碳化合物，这种化合物特别喜欢出现在晶界上，造成晶界脆化，这种现象叫作 σ 相脆化现象，严重危害不锈钢使用。

大家都知道，不锈钢不锈是由于其表面有一层致密的钝化膜，如果不小心，钝化膜受到点状破坏，哪怕是像针眼那样一小点，在这一小点地方

■ 经过固溶处理的不锈钢

聚集卤素离子，腐蚀就会像瘟疫一样传播开来，这就是孔蚀。

为了克服不锈钢存在的这些缺点，我们可以从两方面入手：一是使用不锈钢时，一定要了解不锈钢的种类和特性，应用到它力所能及的环境中去，也就是什么样的不锈钢使用于什么样的环境；二是从调整化学成分入手，即降低碳含量和减少碳铬化合物，增加铬的含量，添加其他对铬有固定作用的元素（如钛、铌等）。同时，还可以在热处理等其他方面开展一些有效的工作，例如对不锈钢进行固溶处理，减少晶界上的析出物，保持不锈钢制品表面的清洁，这些都是保证不锈钢不锈的有效方法。

不锈钢都是无磁吗？为回答这个问题，有人用吸铁石去检验产品是否是真正的不锈钢，能吸上的是普通钢，不能吸上的是不锈钢。这种方法实际上是一种误判。不锈钢有铁磁性的，也有非铁磁性的，主要看它们在室温下的金相组织。奥氏体不锈钢是无磁性的，而马氏体、铁素体不锈钢是有磁性的。奥氏体不锈钢在硬化加工中会发生奥氏体向马氏体转变。例如用于厨房水槽平面部分金相组织是奥氏体，没有磁性，但其他边角经过加工部分的金相组织就可能是马氏体，是具有磁性的。因此，仅用吸铁石来检验是不是不锈钢是有失偏颇的。

第四节　地球对人类的馈赠

宇航员在茫茫的星空中飞行时，从卫星上鸟瞰地球，它是一个蓝色的美丽球体。地球是上百万种生物的共同家园，为动物提供了维持生命的水和空气、供植物生长的肥沃土壤，以及无穷无尽的矿产宝藏。

一、地壳中的元素

地球由地核（内地核、外地核）、地幔、地壳组成。地核由铁（铁/镍）

加一些较轻的物质组成；上地幔大部分由铁、镁、硅酸盐等组成，下地幔由硅、镁、氧和一些铁、钙、铝组成；地壳主要由石英（硅、氧化物）和类长石的其他硅酸盐构成，化学成分以氧、硅、铝为主。

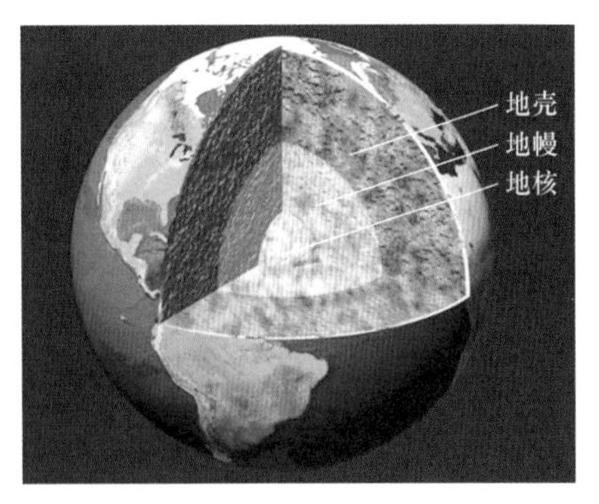

地球内部结构图

从整体看，地球的化学元素组成为：铁 37.6%、氧 29.5%、硅 15.2%、镁 12.7%，其他元素占 5.0%。但与人类关系最密切的是地壳的化学元素，因为地壳的化学元素是最早被人类利用的元素。

化学元素周期表中有 118 种元素，其中 92 种元素以及 300 多种同位素在地壳中存在。在地壳中最多的化学元素是氧，占总重量的 48.6%；其次是硅，占 26.3%；以下是铝、铁、钙、钠、钾、镁。上述 8 种元素占地壳总重量的 98.04%，其中铁占 4.75%。地壳中存在的 8 种元素，尤其是铁元素是地球对人类的特别馈赠。有了它们，人类以其聪明才智开发利用，才有了今天的现代文明。

二、铁的物理性能

铁的相对原子质量为 56，密度为 7.9 克 / 立方厘米。纯铁具有银白色金属光泽，在熔点 1535℃以下呈固态，具有优良的导热性、导电性和延展性。

在液态下，纯铁加入碳、锰或其他过渡族元素如铬、镍、钛、钒等，铁就会被合金化，使铁的物理性能、力学性能发生改变，成为合金钢。

铁

合金钢

磁铁

铁不仅具有金属晶体的物理共性，而且能被吸铁石吸引，在磁场的作用下还能被磁化。

三、铁的化学性能

铁的化学性能比较活泼，其活泼程度与温度和所处环境有关。铁在干燥的环境中很难跟氧气反应，但在潮湿的空气中很容易被氧化，时间长了就锈迹斑斑，如果在酸性环境下，腐蚀会变得越来越快。铁可以在酸性溶液中还原金、铂、银、汞、铜或锡等离子。

在自然界中是找不到金属铁的。我们使用的纯铁或钢都是通过铁矿石的冶炼而获得的。铁在自然界都以氧化物的形态存在，如铁矿石等。

铁矿石

铁的另一化学特点是变价元素，也就是在不同的化学反应中，有不同的化合价。化合价有 0、+2、+3、+4、+5、+6，但最常见的氧化态是+2、+3 价，如 FeO、Fe_2O_3，这是因为二价铁、三价铁最为稳定。

四、铁元素的贡献

对于人体来说，铁是不可缺少的微量元素。在十多种人体必需的微量元素中，铁无论在重要性还是在数量上，都属于首位。一个正常的成年人全身含有超过 3 克的铁，相当于一颗小铁钉的质量。人体血液中的血红蛋白就是

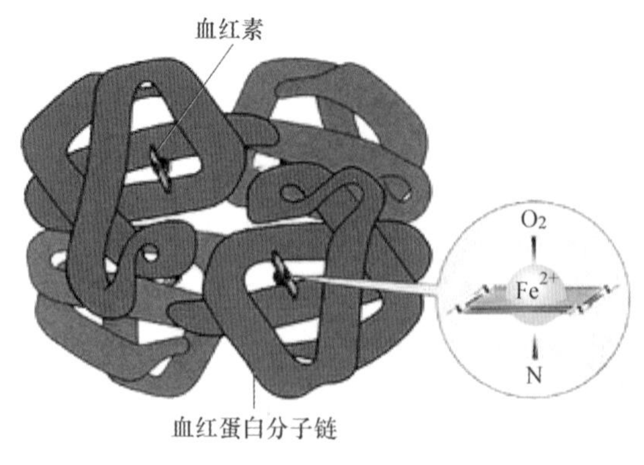

血红蛋白

铁的配合物，它具有固定氧和输送氧的功能。因此，人体缺铁会引发贫血症。

对于植物来说，铁是植物制造叶绿素不可缺少的催化剂。如果一盆花缺少铁，花就会失去艳丽的颜色，失去沁人肺腑的芳香，叶子也发黄枯萎。一般土壤中也含有铁的化合物，铁是土壤中重要的化学元素。不同的土壤中，铁的含量可大于1%~20%，土壤中丰富的铁为植物的生长提供了源源不断的养分。

众所周知，手机、照相机、摄像机大部分采用锂电池充电技术，这为我们的使用带来方便之外，也带来了充电容量有限和使用寿命短的缺陷。这种充电方式，也很难推广应用到那些用电量大的大型设备中去。

目前，世界各国都在为研发新能源汽车的电池而努力。在研究燃料电池技术中，出现了一种新的电池技术——铁电池技术，这是一种比锂电池更有优势和前景的新技术。

国内外研制的铁电池有高铁电池和铁锂电池两种。高铁电池是一种由合成稳定的高铁酸盐（K_2FeO_4、$BaFeO_4$ 等）作为高铁电池的正极材料制作而成的新型化学电池，具有能量密度大、体积小、重量轻、寿命长、无污染等特点。

锂电池

铁锂（磷酸铁锂）电池也具有众多优点，即安全、环保、价格便宜。磷酸铁锂的安全性能是目前所有材料中最好的，不会出现像某些电池那样发生爆炸事故；其次是

高铁电池

稳定性高，高温充电的容量稳定性能、储存性能好，在整个生产过程中清洁无毒。

鉴于铁电池的众多优点，以及伴随高铁酸盐、铁锂磷酸盐制作电池技术的成熟，铁电池正在逐步推向市场。

铁除了生产海锦铁，应用于水的除氧剂，氧化铁粉生产磁性材料，生产颜料、催化剂外，铁的最重要的用途是用铁炼钢。

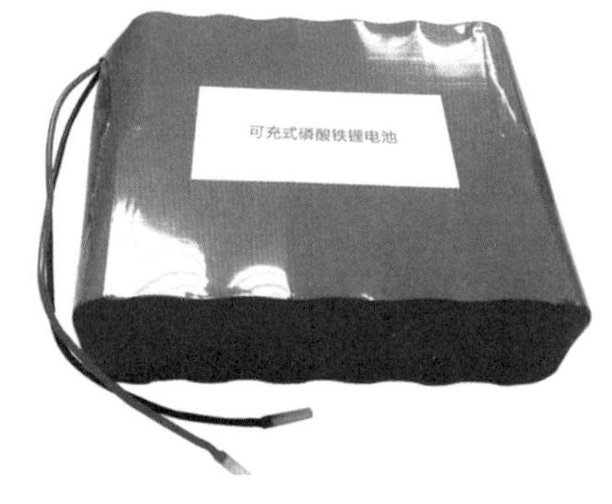

铁锂电池

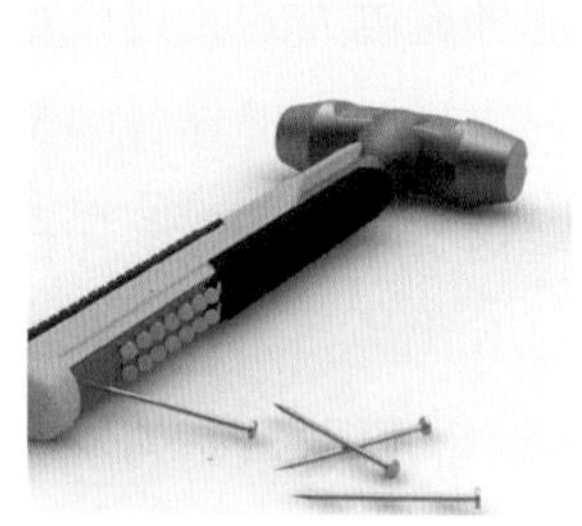

铁的应用

第五节　无处不在的钢材

一、钢材品种面面观

钢材应用广泛、品种繁多，根据断面形状的不同、钢材一般分为板带钢、钢管、型钢、线材四大类。

/ 板带钢 /　板带钢的用途十分广泛，有通用钢材之称，可以随意切断分离和拼凑组合，在一些主要产钢国家，其产量一般约占钢材总产量的50%~60% 以上。板带钢的特点是表面积大，除作为成品钢材使用外，还可以用作生产其他钢材的原材料。最厚的板带钢厚度可达 500 毫米以上，最薄的可薄至 0.001 毫米，相当于一根蜘蛛丝的粗细。

■ 板材

■ 带材

/ 钢管 /　钢管的发展始于自行车制造业的兴起。19 世纪初期，石油的开发，舰船、锅炉、飞机、锅炉的制造，化学工业的发展以及石油天然气的钻采和运输等，都有力地推动着钢管在品种、产量和质量上的发展。钢管素有工业和生活的动脉之称，其产量占钢材总产量的 10% 左右，2014 年我国钢管产量达到 8700 万吨。

■ 无缝钢管

■ 焊接钢管

/ 型钢 /　型钢是有一定截面形状和尺寸的条型钢材统称。型钢也是使用较广泛的钢材，品种丰富，根据不同的用途，轧制成不同的断面。例如角钢，是指两边互相垂直呈角形的长条钢，被广泛地用于各种建筑结构和工程结构，许多桥梁、输电架、船舶、房屋中都能见到它的身影。

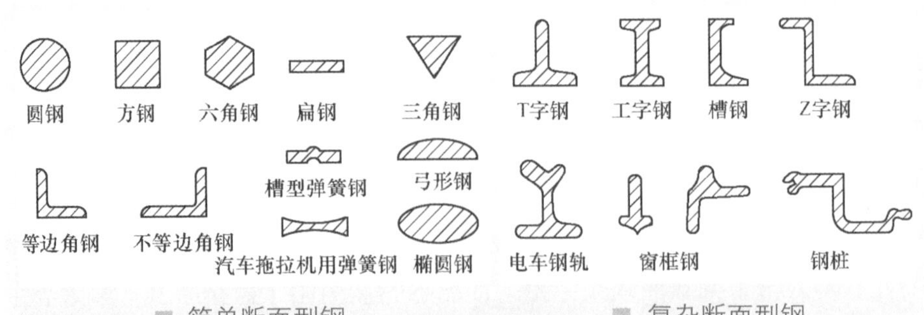

■ 简单断面型钢　　■ 复杂断面型钢

■ 角钢应用于输电架

/ 线材 /　线材包括俗称的钢筋和钢丝，是用量很大的钢材品种之一。生活中处处有线材，钢筋主要应用于钢筋混凝土；弹簧、电话线、钢丝绳、螺丝钉、琴弦等等都是由钢丝制成。

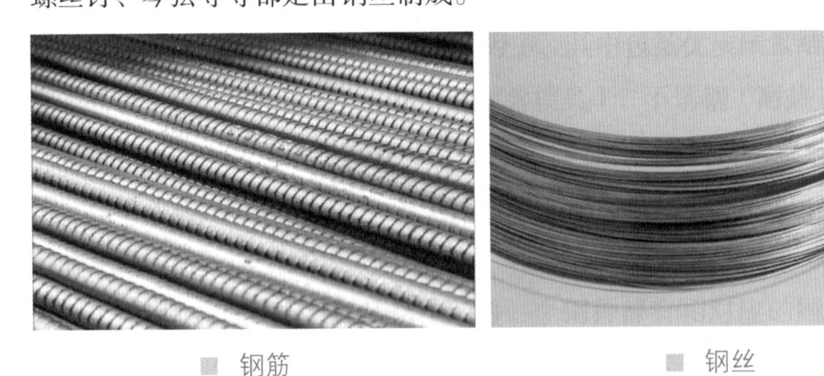

■ 钢筋　　■ 钢丝

二、钢材的八大流向

中国每年钢材的产量基本能够满足国民经济各部对钢材的需求，以

2013 年为例，据有关部门统计的钢材表观消费量约为 10.2 亿吨，主要流向八大行业。

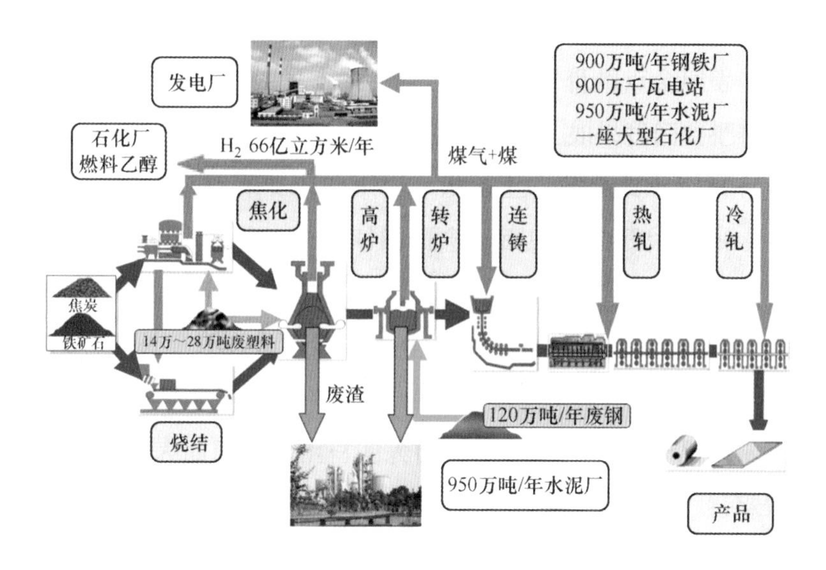

钢铁工业与建材、能源、化工等工业循环链接

/ 建筑行业 /　建筑行业包括基础设施建设、房地产业等，主要消费钢筋、线材（盘条）、大中小型材，表观消费量约 3.81 亿吨。

建筑行业

/机械行业/ 机械行业包括工业设备（重型机械、通用机械、机床工业、仪器仪表、电器制造、农业机械、纺织工业设备）等，主要消费型材、中厚钢板、冷轧薄板带、镀层涂层板带、电工用钢板带、棒材等，表观消费量约1.33亿吨。

机械行业

/汽车行业/ 汽车行业主要消费型钢、冷轧薄板带、热轧板带等，表观消费量约4650万吨。

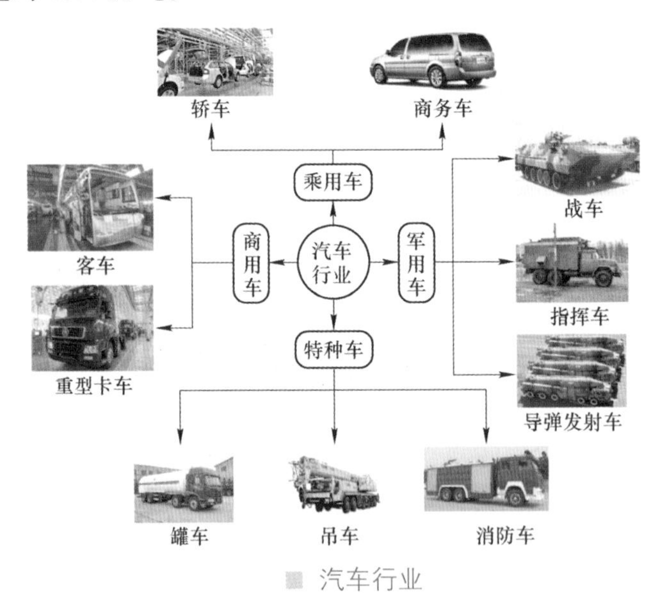

汽车行业

/能源行业/ 能源行业包括煤炭、电力、风电、太阳能、核能等，主要消费型钢、中厚板、热轧板材、管材等，表观消费量约3100万吨。

/造船行业/ 造船行业包括船舶制造业、船舶配套业、船舶修理业、港口、码头基础建设，主要消费中（特）厚板、型钢、无缝管等，表观消费量约1250万吨。

■ 能源行业

造船

港口

■ 造船行业

/家电行业/ 家电行业包括彩电、冰箱（冷柜）、空调、洗衣机、电脑、热水器、微波炉、小家电（厨房电器）等，主要消费冷轧薄板带、热轧冷轧窄钢带等，表观消费约 1000 万吨。

■ 家电行业

/ 铁道行业 / 铁道行业包括机车制造、修理、配套行业，主要消费铁道钢、板材、冷热轧板材、冷轧薄板等，表观消费约 480 万吨。

机车轮对

钢轨

牵引机车

轻轨列车

铁道行业

/ 集装箱行业 /　集装箱行业包括国际标准非国际标准普通货物集装箱、特种货物集装箱（保温集装箱、罐式集装箱）、地区专用箱、集装箱半挂车等，主要消费中厚板、热轧薄板等，表观消费520万吨。

■ 集装箱行业

除上述八大行业外，其他行业，如石油化工、冶金（有色）、纺织、轻工、电子、航空航天、军工等行业，都要消费大量钢材。

三、钢材的命名

在钢铁产品大家族中，有上千种牌号，这些牌号被称为“钢号”，这是我们了解钢铁产品的共同标识。当我们看到一个钢种牌号标识，立即就知道它的用途、主要化学成分、碳含量是多少、钢材优劣等级，因此钢材牌号标识是我们了解钢材的风向标。

我国专门制定了国家标准《钢铁产品牌号标识方法》来规范钢号用法，根据标准采用汉语拼音字母、化学元素和阿拉伯数字相结合的方法来表示:

（1）钢号中化学元素采用国际化学元素符号，例如硅——Si、锰——Mn、铬——Cr等。

（2）产品名称、用途、冶炼和浇铸方法等，一般采用汉语拼音的缩写表示，例如不锈钢焊丝表示为：

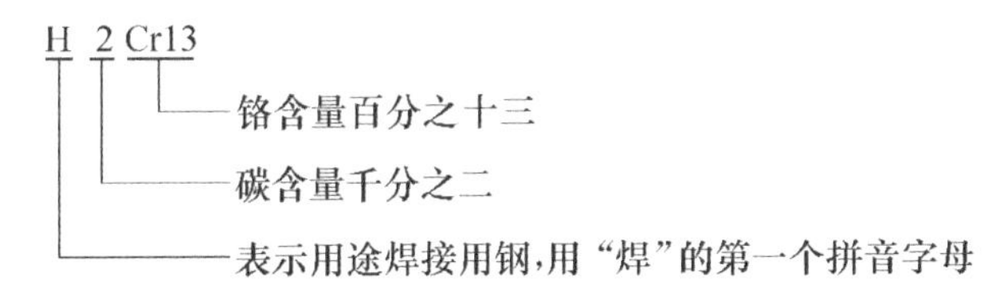

（3）主要化学元素含量（%）采用阿拉伯数字表示。

由于我国钢种很多，不同的钢种又有不同的用途、不同的质量，如果要深入了解还需要进行分类说明。以碳素钢为例：

碳素结构钢：由 Q+ 数字 + 质量等级符号 + 脱氧方法符号组成：

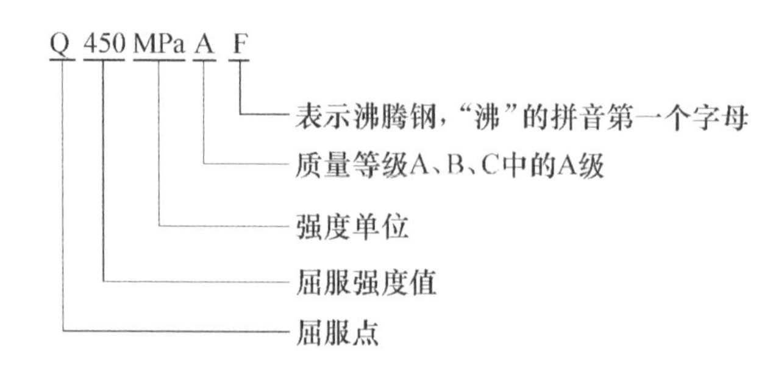

优质碳素结构钢：如 45 钢，钢号开头的两位数字表示钢的碳含量，即 0.45%，如果Mn含量较高时，如50Mn，说明碳含量为0.5%时有较高的 Mn 含量。

合金结构钢：

（1）钢号开头的两位数字表示钢的碳含量。

（2）钢中主要元素，除个别微合金元素外，一般以百分之几表示。当平均合金量低于 1.5% 时，钢号中一般只表示元素而不标明含量，如 12CrMoV；当元素含量≥ 1.5%、≥ 2.5%、≥ 3.5% 时，可在元素后相应表示 2、3、4，如 18Cr2Ni4W。

（3）钢中钒、钛、铝、硼、稀土等合金元素均属微量元素，仍应在钢号中标出，如 20MnVB。

（4）高级优质钢应在钢号最后加“A”，如 18Cr2NiWA。

（5）专门用途钢号的合金结构钢，钢号冠以表示该钢材用途的符号，例如用铆螺专用的钢种 30CrMnSi 前面冠以 ML（铆螺汉语拼音第一个字母），即 ML30CrMnSi。

其他钢种如滚动轴承钢、弹簧钢、合金工具钢、高速工具钢、不锈钢和耐热钢等钢种，钢号表示的基本方法原则是相同的，只是不同的钢种表示的含量略有不同。在实际使用中，我们要认真阅读国家标准《钢铁产品牌号标识方法》，找对你所需要的钢号。

第二章 | 点石成“金”的奥秘

第一节　点石成“金”

“点石成金”是一个成语故事。说的是一个穷困潦倒的书生，在路边遇到一位仙翁，他请求仙翁帮助。仙翁答应了他的请求，对路边一块石头用右手指一点，石头变成了一块金子。仙翁叫书生把那块金子拿上，变成钱。聪明的书生拿起金子送还给仙翁说：“还是还给你吧，我不要黄金，我要你的指头。”意思是说我不要黄金，要的是点石成金的方法。在钢铁的世界里，“石头”是铁矿石，“金”即是钢铁，那位仙翁则是我们的钢铁工人，指头则是把铁矿石变成钢铁的流程和方法。

那么，怎样“点石成金”呢？

铁矿石、粉矿、焦煤在焦化厂炼焦和烧结厂烧结，成为符合高炉要求的焦炭和烧结矿。高炉是炼铁的主要设备，使用的原料有铁矿石（包括烧结矿、球团矿和富块矿）、焦炭和少量熔剂（石灰石），产品为铁水、高炉煤气和高炉渣。铁水经混铁炉后送到炼钢厂炼钢；高炉煤气主要用来烧热风炉；高炉渣经水淬后送到水泥厂生产水泥。

炼钢，目前主要有两条工艺路线，即转炉炼钢流程和电弧炉炼钢流程。通常将“高炉—铁水预处理—转炉—精炼—连铸”称为长流程，而将“废

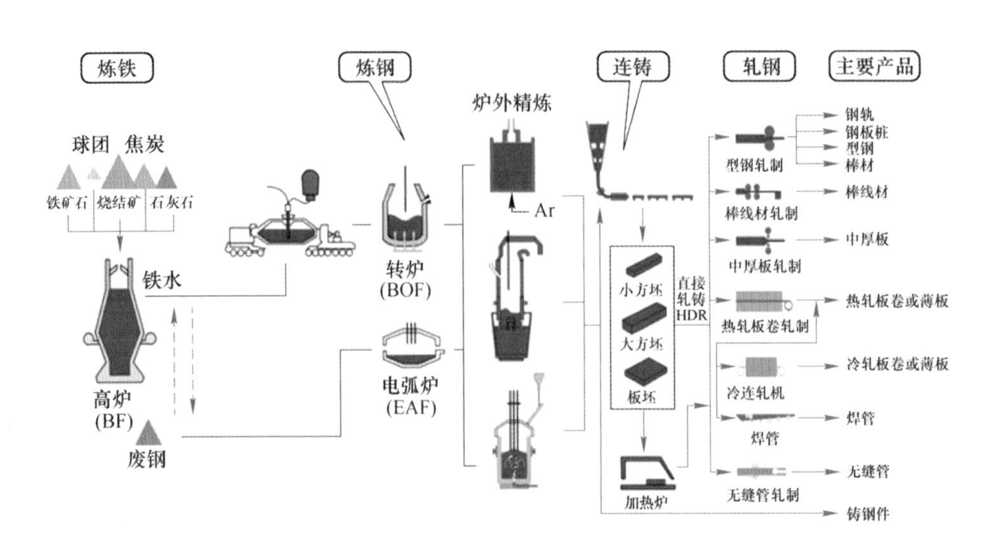

■ 点石成金的过程

钢—电弧炉—精炼—连铸”称为短流程。长流程工艺是将从高炉流出的铁水，经过预处理后倒入转炉，再加上废钢等含铁物料，通过氧气吹炼去除杂质后，将钢水倒入钢包中，进行炉外精炼使钢水纯净化，然后将钢水经连铸凝固成型为连铸坯。而短流程无需庞杂的铁前系统，因而工艺简单、投资低、建设周期短。但短流程与长流程相比，生产规模较小，生产品种范围较窄，生产成本较高。

炼钢的最终产品是不同形状的连铸坯。在轧钢厂，方坯分别被棒材、线材和型材轧机轧制成棒材、线材和型材；板坯被轧制成中厚板和薄板；圆坯被轧制成大规格棒材，或被穿孔、轧制成无缝钢管。

钢铁联合企业的正常运转，除了上述主体工序外，还需要其他辅助行业为它服务，这些辅助行业包括耐火材料和活性石灰生产，机修、动力、制氧、供水供电、质量检测、通讯、交通运输和环保等。

第二节　在烈火中被解放的铁

炼铁厂的高炉是一个“庞然大物”，它高高矗立，昼夜不停地工作着。高炉外形像一个大铁筒，铁筒外缠着许多铁管道，是用来冷却用的，筒子里边砌着耐高温的耐火砖。高炉巨人可分为五大部分，从下往上依次是：炉缸是接装铁水的地方；往上走就是炉腹、炉腰，这里是焦炭中的碳与铁还原最剧烈的区域；再往上走就是炉身，这里储存着铁矿石、烧结矿、球团矿、焦炭、熔剂（如石灰石、萤石、白云石），为下面的还原反应提供充足的原料；高炉顶带有密封装置的炉喉，安装有装料装置。炼铁工序中，高炉是主体设备，同时配有用来输送热风的热风炉，为高炉提供源源不断的氧气；还配有收集煤气、粉尘、矿渣等装置以及上料系统、配料系统。

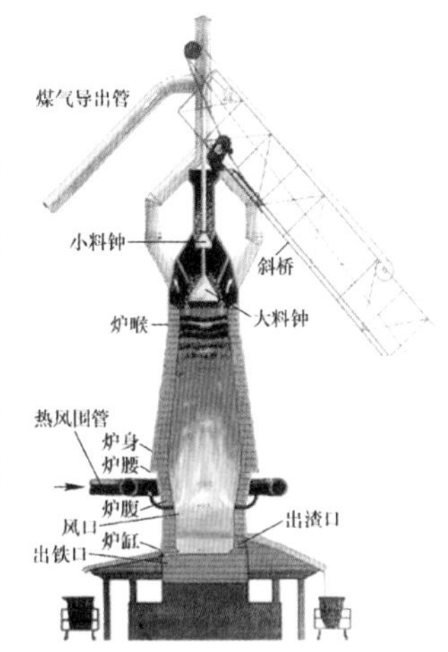

高炉内是一个热闹非凡的地方，这里烈火熊熊。热风由热风炉从炉缸区送入炉内，氧与加热变红的焦炭发生反应，生产二氧化碳气体，温度达到 2200℃。高温下，二氧化碳失去稳定，再与碳反应生成一氧化碳，一氧化碳再吸收矿石中的氧，然后重新生成二氧化碳。二氧化碳又与焦炭供给的碳反应，再次迅速地生成一氧化碳。碳在炉腹、炉腰部分就像当年孙悟空在八卦炉里一样，闹得天翻地覆。这时候碳在烈火中成功把被氧“囚禁”的铁解放出来，变成“自由”铁。这一过程我们称之为还原反应，用化学方程式表示即为：

$$C+O_2 \longrightarrow CO_2$$

$$CO_2+C \longrightarrow 2CO$$

$$4CO+Fe_3O_4 \longrightarrow 3Fe+4CO_2$$

在高炉内的上部，由矿石和辅料组成的炉料和焦炭分层从炉顶加入高炉。由于炉料在炉腹和炉缸内不断熔化，炉料料柱随之由上向下运行，同时炉顶的上料设备不断补充新的炉料。随着料层的下降，炉料进入温度逐渐升高区，铁矿石与炉料变成了混合炉料。在这里一些

高炉炼铁

综合篇

杂质、脉石、熔剂等都成了炉渣上浮在铁水上面。随后渣和铁水分离，实现了“点石成金”。

第三节　铁的朋友圈

在高炉里，铁终于从氧的“囚禁”中解放出来，变成了滚滚奔流的铁水，但可不能忘记了患难中的朋友哦！

第一个朋友是焦炭。焦炭是煤在没有空气的炭化室里加热（干馏）生成的。焦煤在焦化工序中产生了焦炉煤气、焦油、硫酸等作为炼焦的副产品被回收利用，最终的产品是焦炭。在高炉炼铁中，焦炭为高炉提供源源不断的热量，保证高炉炼铁所需要的温度，推动还原反应向生成铁的方向进行，保证连续地生产出铁水。焦炭另一个贡献是提供了还原反应的还原剂——碳。铁中的碳就来自于焦炭。高炉要求焦炭要有一定的强度，因为焦炭是支撑高炉中由铁矿石、辅料形成的料柱的中坚力量。没有焦炭在高温下的支撑，高炉中沉重的物料就会把高炉压得火熄烟灭。

冶金焦炭

第二个朋友是烧结矿、球团矿。大家知道，采矿工人从矿山开采出的铁矿石含有大量的脉石和杂质，通过把铁矿石砸碎细磨，经过选矿把铁的

烧结矿和球团矿

氧化物挑出来，把大部分的杂质去掉，成为铁精矿。它是一种粉状矿，虽增加了铁含量，但不能作为原料直接倒入高炉。在入炉前要配入适量的燃料和助熔剂，加入适量的水，经混合、造球后在烧结设备或竖炉上烧结，使物料发生一系列的物理化学变化生成烧结矿或球团矿。烧结矿和球团矿是经过“改造”后的铁粒矿，在成分、形态上都有了新的变化。它在高炉中降低氧化物铁的熔点，增加了炉料在高温下的强度、空隙，形成高炉内上下通气流畅，化学反应顺畅，极大地提高了炼铁效率。

第三个朋友是辅料。辅料在炼铁中虽然是起辅助作用的，但这种辅助作用可不能小看哦！铁矿石中残留的脉石和焦炭中的灰分熔点很高，根据其不同的含量和成分，熔点可高达 1700~2000℃，高炉正常运行的温度无法使它们熔化。如果熔化了铁水仍存在许多固体的杂质，铁、钢的质量怎么保证呢？人们在实践中发现，适当加入某些辅料，如石灰石、消石灰、橄榄石、白云石以及矾土、萤石和石英石等，这些脉石、灰分等杂质，熔点就可下降到 1300~1400℃，最后这些杂质形成了高炉液态炉渣。

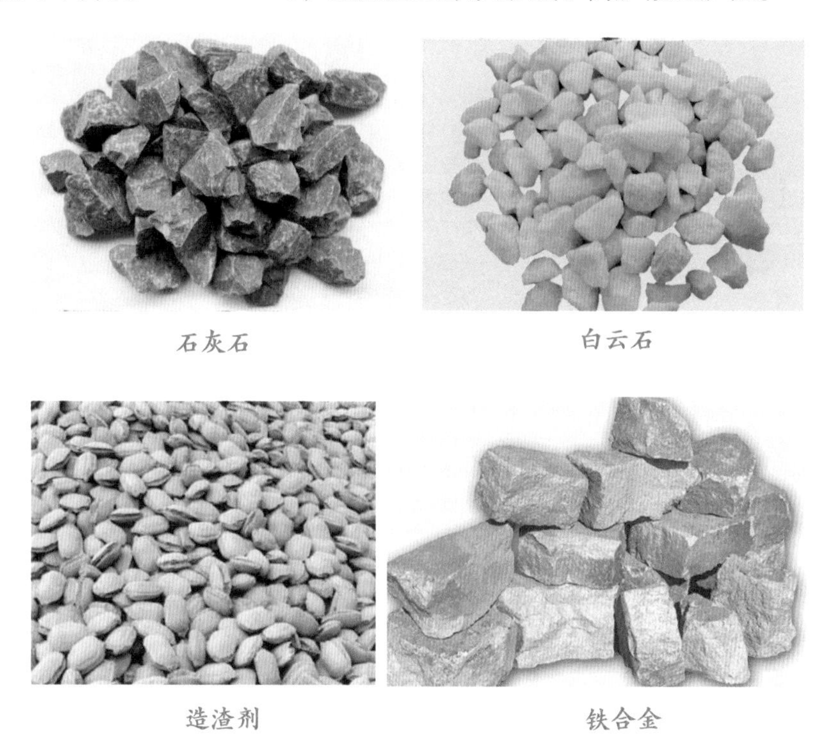
石灰石　白云石

造渣剂　铁合金

炼铁用辅料

在高炉冶炼中，由喷煤、喷油以及矿石、焦炭中带入一些诸如硅、铝、磷、硫等有害的杂质元素，这些元素达到一定量时，将影响铁乃至钢的质量。高炉液态渣有吸收上述杂质的作用，保证了铁的质量。当然加入的辅料不是越多越好，多了会影响高炉效率，增加高炉的能耗。辅料的添加量必须按照入炉料和还原剂成分进行严格控制，以便保证液态渣满足一定的黏稠度，有效地吸收杂质。

不知疲倦的高炉炉火昼夜通明，源源不断的铁水将流向何方？

第四节　百炼成钢　精炼提质

来自高炉的铁水被装入铁水包或鱼雷罐车中，也可倒入可加热的混铁炉中，等候着炼钢的“百炼”考验。盛铁水的容器是一个水平桶状，内部砌有耐火砖的容器，根据炼钢的能力，装铁水的容器有大有小。

铁水包车和鱼雷罐车

现在普遍使用的是混铁炉，它可以加热，以防等候时间过长铁水降温太大。

兵马未到，粮草先行。炼钢前，除了铁水（或海绵铁）外，做好炼钢炉料的准备是一件十分重要的事情。这些炉料包括废钢、熔剂（石灰、石灰石、铝矾土、萤石、铁矿石等）、合金添加剂（包括铁合金，如铬铁、硅铁、锰铁、钼铁、钨铁、钒铁、钛铁，常用脱氧剂铝、硅等）。这些炉料在炼钢不同阶段就会派上用场。

来自高炉的铁水不是纯净的，也不是“健康”的，铁水中仍含有许多有害元素。在进入炼钢前，铁水在混铁炉中要进行一次“洗澡”，把身上存在的“硫”洗去，这就是所谓的脱硫。混铁炉中脱硫的目的是为了减轻后来的转炉炼钢的负担。

经过脱硫处理的铁水进入转炉里开始炼钢。转炉外面是钢铁的壳子，内部砌有耐高温的耐火砖，从顶部或底部以一定压力的氧气吹入。这种炼钢方法叫纯氧转炉炼钢法。

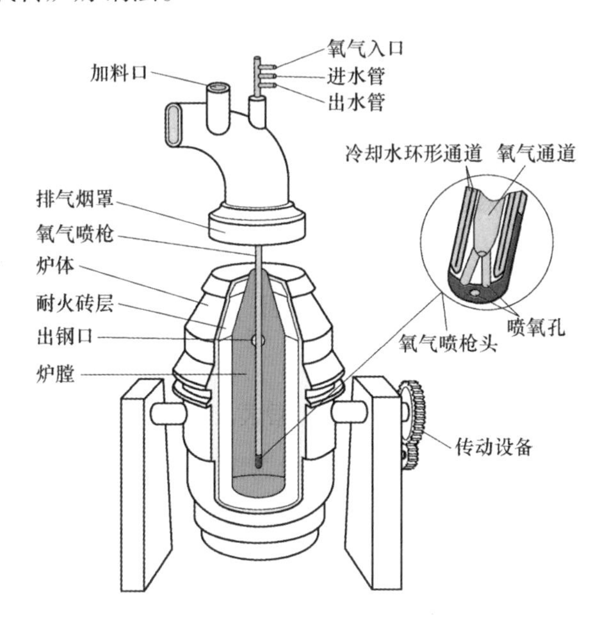

顶吹转炉

转炉炼钢是一个氧化反应过程，在钢铁冶金中也叫精炼或一次精炼。以一定压力的氧气吹入铁水中，氧与铁水中的碳剧烈反应，在除去碳产生一氧化碳的同时，放出大量的热能，使炉温急剧升高，这时候就要适当加入废钢或铁矿石（或海绵铁），既增加了铁含量，又能让炉子温度降下来。

炼钢的第一个任务就是脱碳，这是把铁变成钢的重要一步。只有把碳降到钢含碳量的标准，炼钢就成功了一半。氧与碳进行氧化反应，产生一氧化碳气体从钢水中逸出。

炼钢的第二个任务是尽量去除铁水中的有害元素，如磷、硫等。铁水

■ 给转炉兑铁水

中有害杂质元素与氧的反应是随着温度升高或降低而变化的，是有先后顺序的。氧与碳反应之后，去除杂质可分为两步走。首先氧化掉杂质，氧化物杂质先留在铁水中。然后通过加入辅料进行造渣，这些氧化物杂质又会向渣中聚集，或同渣中的氧化物反应，最后扒去钢渣去除有害杂质。在转炉冶炼中脱硫效果有限，但脱磷效果却很显著。所以，要在转炉炼钢之前脱硫。

炼钢的第三个任务是脱氧与合金化。炼钢过程需要有过量的氧气以去除杂质，这样到了后期，钢水中有相当多的氧溶解在里面。氧还以化合物形式存在钢中，将大大降低钢的各种性能。

脱氧常常使用脱氧剂，如硅钙粉、铝粉等。脱氧剂一般是在精炼后期或要出钢的时候加入的，反应生成物将进入钢渣。

生产低合金或高合金钢，在精炼后期将按照冶炼钢种的要求，加入合金化元素。

经过转炉或电炉及其他炼钢炉冶炼，铁由“山鸡”变“凤凰”，实现了质的跨越，不再是“恨铁不成钢”了。在转炉冶炼中，按照钢种的要求，生产出不同碳含量的碳钢，如低碳钢、中碳钢、高碳钢；按照不同的合金比，可以生产出低合金钢、高合金钢。如果想获取更高质量、更好性能的钢材，炼成的钢水还要继续走下去，到各种特殊处理的炼钢炉去进行二次精炼，也叫炉外精炼。通过精炼，从而达到调整合金元素，控制钢水温度，均匀化学成分，深度脱碳、脱硫、脱磷，去除杂质元素，脱气、脱氧，夹杂物球化处理，提高钢水清洁度，控制钢水的固态结构等目的。

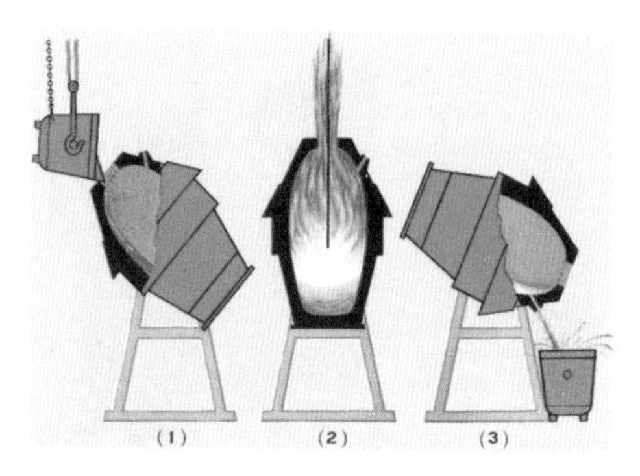

■ 转炉炼钢的三阶段

(1)装料：清除炉渣，装入铁水(1200~1300℃)和少量废钢，再加入适量造渣剂；(2)吹炼：装料后，炉子转到吹炼位置，插入氧枪吹氧，直到铁水符合要求，停止吹氧拔出氧枪；(3)出钢：打开出钢口，把钢水倒入钢包，炼钢过程中，可根据钢水含氧量和钢种要求，向钢包内加入除氧剂和合金进行脱氧和成分调节

转炉炼出合格的钢水要浇铸成一定形状、一定尺寸和一定重量的钢锭或钢坯。浇铸形式有两种，一种叫作模铸，这是生产重量大的锻件或生产大型铸件时必不可少的工艺手段；另一种叫作连续浇铸，也称连铸。连铸的优点是无头铸坯，收得率超过95%，均匀凝固，可快速铸坯，省去开

■ 连铸车间

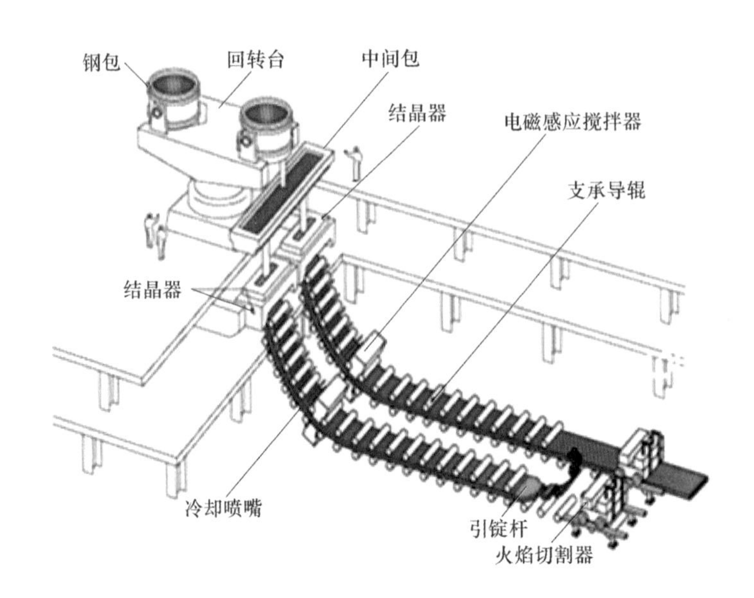

■ 连铸工序示意图

坯工序，生产效率高，是钢铁生产工艺中的一次重大技术革命。

连铸可以生产出方坯、圆坯、板坯、薄板坯、薄带钢坯等，其形状越来越接近最终产品。连铸是目前钢铁厂采用的主流钢水成型技术，连铸工序后，这些连铸成型的钢坯又将开始新的旅程。

第五节　锻轧助力钢成材

把钢加工成材是钢铁怎样炼成中继矿石变铁、铁变钢之后的第三次飞跃。在一个钢铁物流基地里，琳琅满目、千姿百态的钢铁产品，有带材、板材、管材、型钢、棒材……令人惊叹之余，会提出一个百思不得其解的问题，“那么坚强、坚硬、坚韧”的钢是怎么能像捏泥人似的做出形状各异的东西呢？来到轧钢厂，心里就豁然亮堂了！

原来钢铁之所以能成为“工程材料之王”，在材料应用领域独领风骚，原因之一是它有得天独厚的性能——延展性。

所谓延展性是物体在受力状态下容易变形，可延长、可变宽，撤去力后，已经变形的形状不会回到原来的模样，这叫塑性变形。钢铁在高温下塑性变形能力要比冷状态时好，所以高温下容易变形。在高温下的钢材加工叫热加工，在常温下加工叫冷加工（严格来说，冷加工是在该钢种再结晶温度以下的加工）。

在加热条件下，钢材塑性好，成吨重的锻件在万吨、几万吨级的水压机下，就像揉面团似的，通过锻压，破碎锻件在浇铸凝固时产生的柱状晶，让晶格破碎细化，组织致密、均匀。同样，在热轧机下，钢坯被来回轧制，或多架轧机连续轧制，一次成材，从钢坯变成了钢轨、钢筋、盘条等产品。

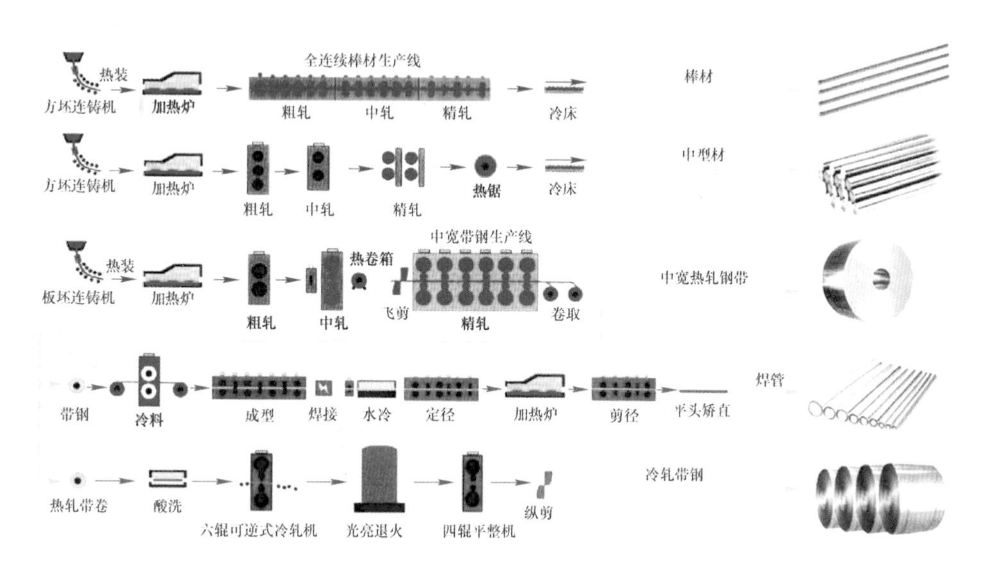

钢水成材过程

在冷加工钢材时，送来的原料都是经过热加工后的半成品，通过冷加工，加工成更薄、更细的产品，如冷轧薄板、冷轧带、冷拔丝等。在冷加工中由于多次加工后，钢材会产生加工硬化，导致钢材塑性变形越来越困难，这时候就要进行退火，即把钢材产品加热到一定温度（再结晶温度以上），保温一定时间，让轧碎的晶粒重新再结晶。经过反复的轧制—退火—再轧制，最终达到产品的尺寸、性能、表面质量的要求。

钢的加工形式是多种多样的，采用什么样的形式主要取决于加工产品的形状和尺寸精度。这些加工形式有轧制（热、冷轧）、无缝管生产、焊管生产、锻造和冲压、拉拔等。

铁，从深山野岭中走来，在“还原反应”中诞生，在“氧化反应”中成长，最后在锻轧中成材。人类用智慧和辛勤的汗水把你培育成刚强、英俊的钢铁少年。你的内心世界里有那么多的神奇和魅力故事。你是一个五彩斑斓的世界，你又让世界变得五彩斑斓！

高速线材轧制生产线

第三章 | 钢与铁的内部世界

第一节 走进元素周期表

“现代化学的元素周期表是1869年俄国科学家门捷列夫（Dmitri Mendeleev）首创的。在当时已经发现了63种元素，科学家无可避免地要想到，自然界是否存在某种规律，使元素能够有序地分门别类、各得其所？当时35岁的化学教授门捷列夫也在苦苦思索着这个问题。他把已发现的元素做成了纸牌，每日不停地用纸牌摆弄着各种元素的位置。一天，门捷列夫在疲惫中迷迷糊糊地睡着了，在梦里他看到一张表，纸牌们纷纷落在合适的格子里。醒来后他立刻记下了这个表的设计理念：元素的性质随原子序数递增，化学性质相似的元素放在同一纵行，呈现有规律的变化。门捷列夫在他的表里为未知元素留下了空位，后来，很快就有新元素来填充，各种性质与他的预言惊人地吻合。”

这张表揭示了物质世界的秘密，把一些看来似乎互不相关的元素统一起来，组成了一个完整的自然体系。它的发明，是近代化学史上的一个创举，对于促进化学的发展，起了巨大的作用。当原子结构的奥秘被发现时，编排依据由相对原子质量改为原子的质子数(核外电子数或核电荷数)，形成现行的元素周期表。

铁 (Fe) 在元素周期表中位于第四周期、第八副族，与金属、非金属、稀土元素都有千丝万缕的联系，有的是亲密，有的是疏远，有的是“敌人”；有的是今天的朋友，有的是未来的朋友。它们的相互结合、拥抱、共舞，让钢铁变得更加深奥和精彩！

族/周期	1 IA	2 IIA	3 IIIB	4 IVB	5 VB	6 VIB	7 VIIB	8 VIIIB	9 VIIIB	10 VIIIB	11 IB	12 IIB	13 IIIA	14 IVA	15 VA	16 VIA	17 VIIA	18 VIIIA	电子层
1	1 H 氢 1.0079																	2 He 氦 4.0026	K
2	3 Li 锂 6.941	4 Be 铍 9.0122											5 B 硼 10.811	6 C 碳 12.011	7 N 氮 14.007	8 O 氧 15.999	9 F 氟 18.998	10 Ne 氖 20.180	L K
3	11 Na 钠 22.990	12 Mg 镁 24.305											13 Al 铝 26.982	14 Si 硅 28.086	15 P 磷 30.974	16 S 硫 32.065	17 Cl 氯 35.453	18 Ar 氩 39.948	M L K
4	19 K 钾 39.098	20 Ca 钙 40.078	21 Sc 钪 44.956	22 Ti 钛 47.867	23 V 钒 50.942	24 Cr 铬 51.996	25 Mn 锰 54.938	26 Fe 铁 55.845	27 Co 钴 58.933	28 Ni 镍 58.693	29 Cu 铜 63.546	30 Zn 锌 65.409	31 Ga 镓 69.723	32 Ge 锗 72.64	33 As 砷 74.922	34 Se 硒 78.96	35 Br 溴 79.904	36 Kr 氪 83.798	N M L K
5	37 Rb 铷 85.468	38 Sr 锶 87.62	39 Y 钇 88.906	40 Zr 锆 91.224	41 Nb 铌 92.906	42 Mo 钼 95.94	43 Tc 锝^ 97.907+	44 Ru 钌 101.07	45 Rh 铑 102.91	46 Pd 钯 106.42	47 Ag 银 107.87	48 Cd 镉 112.41	49 In 铟 114.82	50 Sn 锡 118.71	51 Sb 锑 121.76	52 Te 碲 127.60	53 I 碘 126.90	54 Xe 氙 131.29	O N M L K
6	55 Cs 铯 132.91	56 Ba 钡 137.33	57 La★ 镧 138.91	72 Hf 铪 178.49	73 Ta 钽 180.95	74 W 钨 183.84	75 Re 铼 186.21	76 Os 锇 190.23	77 Ir 铱 192.22	78 Pt 铂 195.08	79 Au 金 196.97	80 Hg 汞 200.59	81 Tl 铊 204.38	82 Pb 铅 207.2	83 Bi 铋 208.98	84 Po 钋 208.98	85 At 砹 209.99	86 Rn 氡 222.02	P O N M L K
7	87 Fr 钫^ 223.02+	88 Ra 镭 226.03+	89 Ac★ 锕 227.03+	104 Rf 𬬻^ 267.12+	105 Db 𬭊^ 268.13+	106 Sg 𬭳^ 271.13+	107 Bh 𬭛^ 272.14+	108 Hs 𬭶^ 277.15+	109 Mt 鿏^ 276.15+	110 Ds 𫟼^ 281.16+	111 Rg 𬬭^ 280.16+	112 Uub^ 285.17+	113 Uut^	114 Uuq^	115 Uup^	116 Uuh^			Q P O N M L K

★ 镧系	58 Ce 铈 140.12	59 Pr 镨 140.91	60 Nd 钕 144.24	61 Pm 钷^ 144.91+	62 Sm 钐 150.36	63 Eu 铕 151.96	64 Gd 钆 157.25	65 Tb 铽 158.93	66 Dy 镝 162.50	67 Ho 钬 164.93	68 Er 铒 167.26	69 Tm 铥 168.93	70 Yb 镱 173.04	71 Lu 镥 174.97
★ 锕系	90 Th 钍 232.04	91 Pa 镤 231.04	92 U 铀 238.03	93 Np 镎 237.05+	94 Pu 钚 244.06+	95 Am 镅^ 243.06+	96 Cm 锔^ 247.07+	97 Bk 锫^ 247.07+	98 Cf 锎^ 251.08+	99 Es 锿^ 252.08+	100 Fm 镄^ 257.10+	101 Md 钔^ 258.10+	102 No 锘^ 259.10+	103 Lr 铹^ 262.10+

图例：26 原子序数；Fe 元素符号(红色的为放射性元素)；铁 元素名称(注^的为人造元素)；55.845 以 $^{12}C=12$ 为基准的相对原子质量(注+的是半衰期最长同位素相对原子质量)

s区元素　p区元素　d区元素　ds区元素　f区元素　稀有气体

元素周期表

一、有亲又有疏的非金属

从铁矿石变成钢材的历程中，铁或钢总与一些非金属元素相伴相随，在钢铁生产的不同阶段有不同作用和用途。有时亲密，有时疏远，真是“看不透、猜不中”。

/ 碳（C）/　钢铁冶炼中的碳（焦炭）是矿石氧化铁的还原剂，也是能源的供给者，碳在铁矿石变成铁时立下赫赫战功。但是碳完成了使命后却不愿离去，与铁生成了碳化三铁（Fe_3C），使铁的碳含量达到 4% 以上，让铁变得又硬又脆，因此不得不进入减碳的炼钢工序。炼钢过程的一个重要任务就是将铁水中的碳降到 2% 以下。碳特别影响钢的力学性能，使钢的力学性能、延展性大幅度提高，钢变得有强度、有硬度又有韧性，可焊性、可成型性也有提高，成为有用之“才”。

碳是一种神奇的元素。它是一种同素异晶非金属，例如柔软的石墨、坚硬的金刚石，都是由碳元素组成的，只是晶体结构不同而已。在钢铁材料中，随着碳含量的变化，钢铁的凝固点、钢材内部结构都会发生变化，是制定钢材热处理工艺的重要依据。例如在温度迅速变化的情况下，碳没有足够的时间扩散。通过改变冷却速率，使铁的面心立方结构向体心立方结构转变的温度降低，可以在很宽范围内改变晶体结构。同时，由于碳扩散受阻，产生晶格畸变，使硬度增加。

/ 氧（O）/　氧无孔不入，几乎同所有的金属、半金属元素都可以进行氧化反应（特别在高温状态下）。铁和氧具有很强的亲和力。在自然界中找不到纯净的铁金属，均以氧化物的形式存在，即使人工生产出钢铁，在空气中，在室温下，很快就变成锈迹斑斑。每年由于钢铁锈蚀而造成巨大的经济损失。然而氧在钢铁生产中同碳一样立下不可磨灭的战功。

转炉炼钢就是通过带有一定压力的纯氧由底部（或顶部）吹入转炉中，通过氧与铁中的碳剧烈的氧化反应，降低了铁的碳含量而变成钢的。铁变成钢后，你可知道钢并不希望有氧继续存在！在吹氧过程中，虽然碳被氧化掉并以一氧化碳的形式从钢中逸出，但过量的氧一部分溶解在钢水中，一部分与钢中硅、铝等杂质反应，生成氧化物继续残留在钢中。钢铁中存在氧或氧化物将严重影响钢材的质量。因此在转炉炼钢后期，应适度降低钢水温度，降低氧的溶解度，让氧逸出。同时，通过加入辅料造渣，让这些氧化物向炉渣聚集，最后扒去渣，达到清除氧化物的目的。

对于某些氧含量有特别要求的钢种，必须千方百计控制氧的“侵入”，除了炼钢时加强脱氧外，采用特殊精炼方法，如真空炉冶炼、真空浇铸、对钢水电磁搅拌、氩气搅拌，加快氧的逸出。氧真叫人爱，也叫人烦。

/ 硅（Si）/　硅是半金属，即性能介于金属与非金属之间。但在冶炼钢铁时，可视为非金属。钢铁中无论采取什么样的冶炼方法，都存在硅元素，是钢铁化学成分中必须化验的五大元素之一（C、Si、Mn、S、P）。

钢铁中硅来自铁矿石中的脉石（二氧化硅）。硅在碳钢的含量不高于0.5%，硅是有益的元素。硅能细化钢的晶粒，并分布均匀。适当的硅含量能提高钢强度，而不至于影响钢的塑性、冷弯、韧性和焊接性；但是过量的硅含量，将降低钢的塑性和韧性以及焊接性。炼钢时，硅作为脱氧剂（如硅钙粉）加入到钢中。硅增大钢水的流动性，除了形成非金属夹杂物外，硅元素溶于钢水中。

硅还是钢铁产品中一种重要的合金元素。在铁硅合金系列中，当硅含量在0.5%~4.8%时，铁硅合金就是一种软磁材料。把这种合金轧制成板、带，就可制造各种变压器、电动机、发电机的铁芯材料。硅元素是钢铁的好朋友。

/硫（S）/　硫是具有两重性的元素，既有害也有利，但害大于利。硫主要来自炼铁的原燃料。硫元素对钢铁的主要危害是使钢材热加工时产生开裂，导致钢材报废，因此把这种现象叫硫的“热脆性”。硫的“热脆性”是硫与铁化合生成硫化铁，硫化铁熔点较低，在热加工温度以下时，硫化铁已成液态，并处于晶界上，热加工时，导致晶界开裂。为了把硫含量控制在标准规定范围内，设立了三道关卡，即烧结脱硫、炼铁脱硫、混铁炉脱硫。漏网的硫，我们还可以通过增加钢材中的锰含量，让锰与硫化合生成硫化锰，它的熔点较高，避免产生硫的“热脆性”。

硫对钢铁危害性是显而易见的，要千方百计控制钢材的硫含量。但由于硫的化合物脆而易断，人们因势利导，在易切削钢中适当增加硫含量，增加钢中的硫化物，在冷切削时，铁屑易断，改善了钢材的切削加工性能。

/磷（P）/　它来源于铁矿石和生铁等炼钢原料。磷能提高钢的强度，却使钢的塑性和韧性降低，特别使钢的脆性转折温度急剧上升，提高了钢发生冷脆性现象时的温度。磷在钢中分布有较大的偏析，即分布不均，引起局部上的“冷脆”更为严重。但在碳含量比较低的钢种中，其冷脆的危害性比较少，在这种情况下，利用磷的其他有益作用，如增加钢的易切削加工性，减少热轧薄板的黏接，增加钢的抗大气腐蚀能力等，这时候可适当提高磷含量。

/氮（N）/　钢中的氮来自炉料，同时在冶炼、浇铸时钢液也会从炉气、大气中吸收氮。氮对于钢的影响具有双重性，有益也有害。钢中含一定量的氮，能引起碳钢的淬火时效和变形时效。这两种时效作用，虽然钢的强度、硬度提高，但塑性和韧性降低比较显著。因此，对于普通低合金钢来说，不希望有这种时效现象，在这里氮是有害的。但对于一些要求晶粒细化的钢，或者含有钒、铌合金元素的钢种，由于氮化物的存在，有强化、细化晶粒的作用，提高了钢的综合力学性能，如有较高的强度、硬度，又有较好的塑性。用这种钢制造的零件延长了使用寿命。

/ 氢（H）/　钢中的氢是由锈蚀含水的炉料或从含水蒸气的炉气中吸收的。氢对钢的危害是很大的：一是引起氢脆，即钢在没有达到破坏力的作用下，经一定时间后，在无任何预兆的情况下，突然断裂，这种氢脆的后果是灾难性的；二是氢能导致钢材内部产生大量细微裂纹的缺陷。如果在钢材的纵断面上剖开，就显现出光亮的银色的斑点，这就是我们常说的“白点”。“白点”处经酸洗后，就可以观察到像人头发丝状那样的裂纹。由氢引发的“白点”，使钢的塑性显著下降，有时可接近零值。因此存在“白点”的钢是不能使用的。

二、铁与其他过渡金属共舞

在元素周期表过渡金属元素中，铁是明星元素，是钢铁产品系列中的领舞者。在它的带领下，一些我们熟知的元素，如铬、镍、钴、锰、钒、钛等都加盟了进来，一起共舞，舞出了许许多多美轮美奂的钢铁系列产品。如以铁为基础的铁（Fe）–镍（Ni）、铁（Fe）–钴（Co）、铁（Fe）–铬（Cr）–镍（Ni）–钛（Ti）、铁（Fe）–铬（Cr）–钼（Mo）等一系列合金，组成了今天兴旺发达的钢铁产品大家族。实际上，这些系列产品都是以碳钢为基础，根据不同的性能要求，逐步研制、生产而成的。于是就出现了高强度钢、耐热钢、耐腐蚀钢、磁钢、高温合金、精密合金等不同性能的钢材。为什么会出现如此多彩纷呈的钢种呢？还是让我们先看看这些过渡金属在钢中的独特作用吧！

/ 锰（Mn）/　在碳钢中，锰是有益元素。锰对碳钢的力学性能有良好的影响。锰能溶于铁素体（体心立方结构）中，引起固溶强化，提高钢热轧后的硬度和强度。锰以铁锰合金形式作为脱氧除硫的元素加入到钢中，形成硫化锰，减少了硫含量，防止硫的热脆性，提高了钢的热加工性能。在钢中，锰是不可缺少的元素之一。

/ 铬（Cr）/　在结构钢和工具钢中，铬能显著提高强度、硬度和耐磨性，但同时也降低塑性和韧性。铬能提高钢的抗氧化性，是制造不锈钢、耐热钢的重要合金元素。

/ 钼（Mo）/　钼能提高奥氏体不锈钢的高温强度、蠕变强度（长期在高温下受到应力，发生变形时的强度）、持久强度和高温疲劳性能。在低碳、低氮的铁素体不锈钢中，高铬含量加钼金属，能提高耐腐蚀性，特别在海水中，含氯化物介质中有非常强的抗腐蚀性能。

在不锈钢国家标准中，大约一半奥氏体不锈钢号含有钼，其中钼含量达到 2%~3%，最高可达到 5%，可以在还原性介质如硫酸、磷酸、醋酸、尿素以及一些有机酸环境中应用。

/ 镍（Ni）/　镍能提高钢的强度而又能保持良好的塑性、韧性，对酸碱有较高的耐蚀能力，在高温下有防锈和耐热能力。镍金属是制造磁性合金、膨胀合金、发热、耐热合金的重要合金元素。

/ 钒（V）/　钒是合金添加剂，可细化钢的组织和晶粒，提高晶粒开始长大时的温度，从而降低钢在热加工过程中对温度敏感度，提高了钢的强度和韧性。在高温时把钒溶入奥氏体时能增加钢的淬透性，增加钢的回火稳定性，并产生二次硬化效应。钒作为较强的碳化物形成元素和沉淀硬化剂，在高温下有较高的强度和抗冲击、耐腐蚀和可焊性。钒与碳形成的碳化物在高温下可提高抗氢腐蚀能力。

/ 钛（Ti）/　钛是钢中强脱氧剂。它能使钢的内部组织致密，细化晶粒，降低时效敏感性和冷脆性，改善焊接性能。在 Cr18Ni9 奥氏体不锈钢中加入适当的钛，可避免晶间腐蚀。

/ 钨（W）/　钨熔点比较高，与碳形成碳化钨有很高的硬度和耐磨性。在工具钢中加钨，可显著提高红硬性和热强性，作为切削工具以及锻模具用。

在过渡金属中，还有许多元素可作为改善钢性能的添加剂，例如锆（Zr）、铌（Nb）、铜（Cu）等元素。这些元素有的能细化晶粒，有的能改善碳化物、氮化物等夹杂物的形状和分布状态，有利于钢的组织结构改善，提高了钢材的性能。

了解和应用过渡金属，提高和创新我国钢铁品种质量，让钢铁变得更精彩依然是我们的不懈追求。

当我们看完铁与过渡金属元素共舞之后，再来看一看另一颗冉冉升起的明星，那就是稀土金属。

三、明星元素稀土

稀土元素是元素周期表ⅢB族中钪、钇及镧系17种元素的总称，常用R或RE表示。

稀土金属真的像它的名称所暗示的那样很稀有吗？实际上稀土金属并不稀有，在地壳中储量相当高，其中铈排名第25位，与铜相近。但是由于其地球化学性质，稀土元素难以富集到经济上可以开采的程度，正是这种原因，让稀土金属由“富有”变成“稀有”。

由于稀土元素在化学、物理上的独特性质，至今稀土金属成为尖端科技领域不可缺少的重要元素。例如，稀土金属在强力磁石、荧光体、光电电池、激光振荡器的原材料，凝缩器和储氢合金等方面得到了广泛应用。随着科技的高速发展，稀土金属应用将得到进一步扩展，成为当代高新技术新材料的重要组成部分。由稀土金属与黑色金属、有色金属组成一系列化合物半导体、电子光学材料、特殊合金、新型功能材料，可广泛用于当代通讯技术、电子计算机、宇航开发、光电材料、能源材料和催化剂材料。

稀土金属对于发展钢铁工业也是一种不可或缺的材料。稀土金属及其合金在炼钢中起脱氧脱硫作用，能使氧、硫含量都降到0.001%以下。同时能改变夹杂物的形态，细化晶粒，改善钢的加工性能，提高钢的强度、韧性、耐腐蚀性和抗氧化性。

废钢是炼钢的重要炉料，但废钢中混入了铅、锡、砷、锑等低熔点杂质元素。这些杂质元素在常规的炼钢中难以去除，恶化了钢材的质量和性能，成为制约新一代高强度、高韧性钢种发展的瓶颈。这些低熔点元素与铁难以形成固溶体以及生成的化合物易以球状偏聚在钢铁的晶界上，在200~480℃时产生脆性或在焊接时产生裂纹。稀土金属独特的电子层壳结构而赋予其特殊的化学活性，可与钢中低熔点元素化合成高熔点金属间化合物，改善晶界和抑制局部弱化，避免热加工中的“热脆”现象。

稀土金属及其合金用于制造球墨铸铁、高强度灰铸铁和蠕墨铸铁，能改变铸铁中石墨的形状，改善铸造工艺，提高铸铁的力学性能。铁—铬—铝电热合金中添加0.3%稀土金属，能提高抗氧化能力，增加电阻率和高温强度。在铁镍合金中添加稀土金属铈，能改善表面氧化膜的致密性、附着力，提高金属与玻璃封接的强度和真空封接的气密性。

稀土金属是制造高磁性能的硬磁合金的重要原料。稀土金属钕制造钕铁硼永磁合金，具有高剩磁、高矫顽力的优点，广泛用于高科技领域。钇铁石榴石铁氧体是用高纯钇和氧化铁制成的单晶或多晶铁磁材料，应用于微波器件。

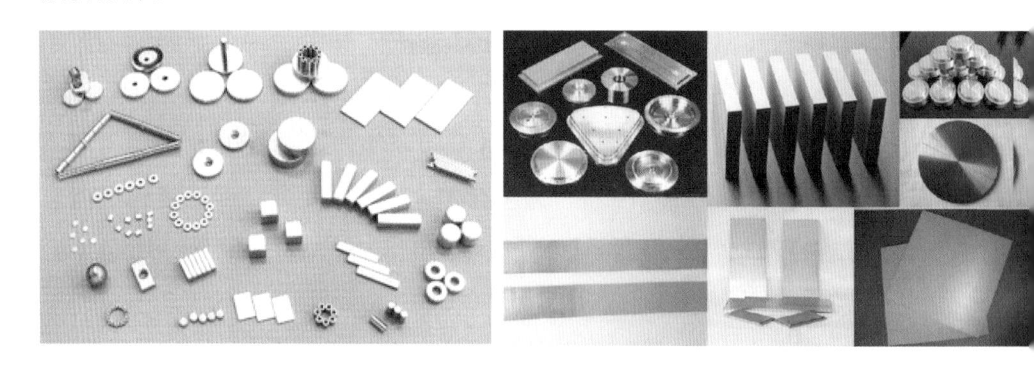

钕铁硼永磁合金和钇铁石榴石

我国是稀土资源大国，为稀土金属的开发应用提供了得天独厚的资源条件，我们祝这颗未来的“明星”闪烁出更加灿烂的光芒！

第二节　看得见的钢铁微观世界

三国时期有一位著名的兵器制造者叫蒲元，他在斜谷口（现陕西省周至县）为诸葛亮打造三千口战刀。战刀制成后，为检验质量，蒲元

■ 錾子的淬火和回火处理

让士兵用竹筒装满铁珠，举刀狂砍，如截菜一般，竹筒断开，而铁珠开裂，人们交口称赞蒲元造的战刀能够“斩金断玉”，削铁如泥的神刀。据《诸葛亮别传》记载，这种刀是把钢刀加热到一定温度，用“蜀江水”淬火，然后回火而制成的。为什么用这种方法处理后的战刀会如此锋利呢？

随着现代金属学、金相学的建立，人们逐渐破解了钢铁的神奇与奥秘。原来，钢铁的性能不但同化学成分有关，而且还与钢铁内部的组织结构有关，而内部组织结构又与热处理工艺有关。现在就让我们一步步深入观察钢铁的结构吧！

一、金相组织观察

我们制取一块具有代表性的钢材试样，打平、抛光，用盐酸或硝酸进行表面腐蚀后，可以通过肉眼观察钢材中是否存在内部裂纹、缩孔（钢锭在凝固冷却时产生的缺陷）、白点（氢元素引起的）等缺陷。在20倍以下放大镜的观察下，可以清晰地看到晶界，以及在晶体上存在的各种夹杂物形状及其分布状态等，通过低倍组织检验，可从宏观上判断钢材的质量状况。

金相组织观察检验在冶金工厂、机械工厂是一项正常的检验项目。一些科研部门在科学研究、研制某个新材料、新合金时，为了了解新材料、新合金成分对金相组织结构变化的影响，以及金相组织结构对性能的影响，获取一个最佳成分控制范围，也要进行金相组织观察。另外一个目的是在使用某种材料进行热处理后，检验其金相组织状态，了

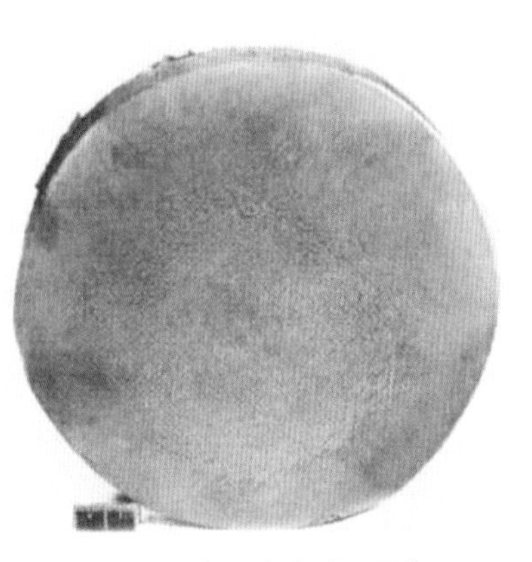

■ 低倍金相组织观察

解和掌握热处理工艺、金相组织结构与性能之间的最佳匹配。因此，运用金相学进行金相组织检验观察，对于研制钢铁新品种和提高钢材质量是不可缺少的手段。

在冶金材料科学的长期研究工作中，建立了一门专门研究金属成分、组织结构及其变化，以及加工和热处理工艺对金属、合金性能的影响和它们之间相互关系的学科，这就是金属学。在金属学中专门研究其组织结构的科学，即金相学。科学家经过长期不懈的努力做了大量的基础理论工作，为我们提供了大量的各种金属元素及其合金的相图，其中在钢铁领域中最重要有铁碳平衡相图。通过相图反映了随着合金成分的变化，其内部组织结构变化及其状态。通过对内部组织结构研究观察，在铁—碳（碳化三铁）相图观察到了以下几种主要组织。

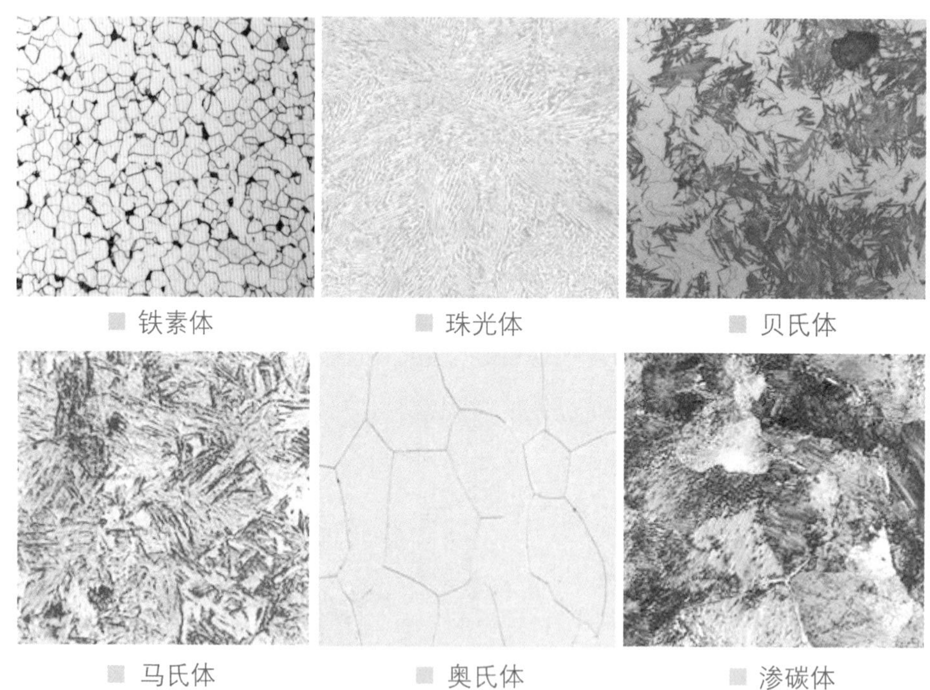

铁素体　珠光体　贝氏体

马氏体　奥氏体　渗碳体

那么这些组织是怎样观察到的呢？认识和观察金属的相组织主要是依赖于显微镜技术的快速发展。在各种显微镜下，让我们看到金属内部微观世界变得一目了然。国家为了保证金相组织观察的规范、可靠，制定了试样制备的标准，例如取样的部位（主要反映代表性）、试样制备的步骤、腐蚀处理，使金属显露出它的晶粒、晶界、缺陷、杂质等微观晶体结构，在各种级别显微镜下观察并拍照，得到相关的金相照片。

在各种高级别的显微镜下，钢铁内部组织结构已不再神秘莫测了。在OM（光学显微镜）下，可获得2000倍下的金相图片；SEM（扫描电子显微镜）、TEM（透射电子显微镜）放大到5000~30000倍，能看到清晰的位错线。更精密的仪器STM（扫描隧道显微镜），它的放大倍数可达到原子级别。

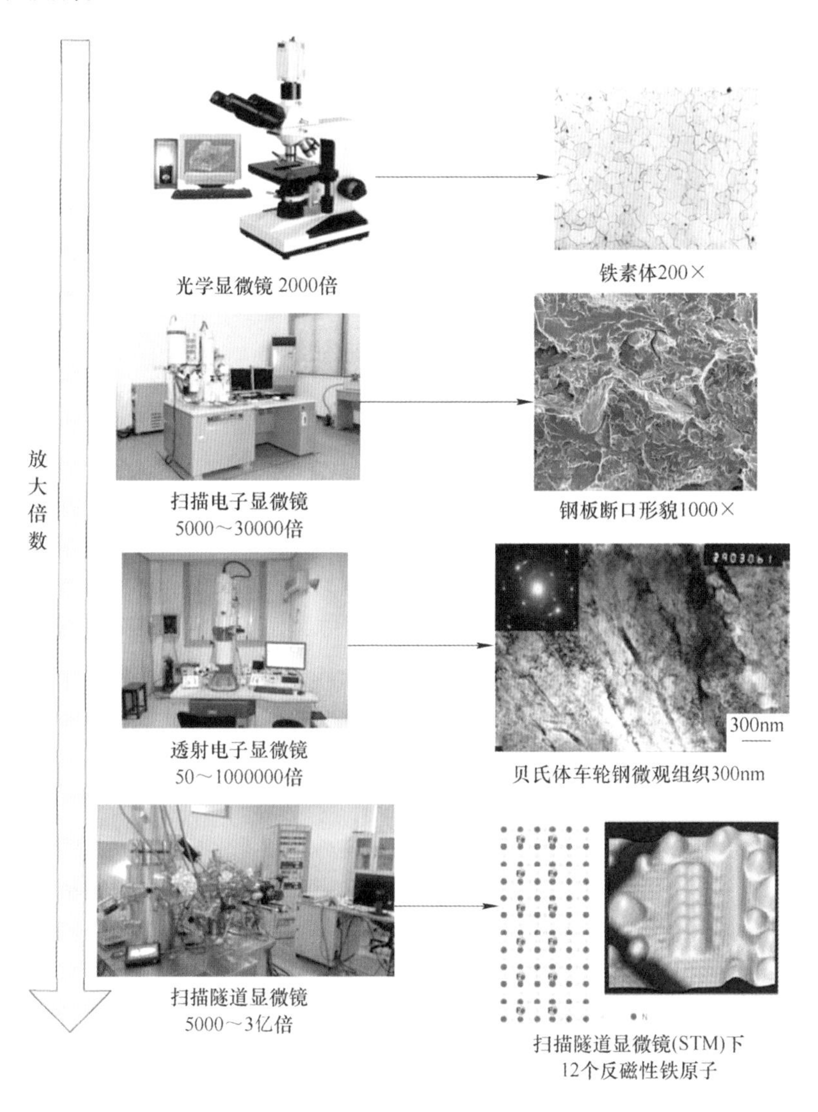

不同级别显微镜下钢铁组织结构

金相组织检验观察的意义和重要性是不言而喻的。但在实际操作中，由于试样制备、显微镜操作、金相组织判定都与标准规定的有一定的差距，不同的操作人员得出的结果会有一定差异。因此为了纠正这种偏差，还建有“金相库”，在暂时不能确定是什么相组织图片时，以备查阅对照。

二、神秘的推手热处理

在钢铁生产和钢材使用过程中，“热处理”这个名词真是耳熟能详。实际上，热处理工艺只有“三步”，或者是“三要素”，即加热（升温）—保温—冷却（在不同介质中降温）。经过了热处理后，就像一只魔手，让钢材内部的组织得到改善和调整，可能由硬变软，由软变硬，也有可能由柔变脆，钢材性能会发生很大的变化。钢材的热处理这种魔力是钢材生产和使用时必不可少的手段。

热处理方法大体可分为两种，即处理整个金属组织的一般热处理和处理工件表面的表面热处理。以碳钢为例，一般热处理有淬火、回火、退火、正火四种方法。

/淬火/　把钢物件加热到钢完全变为奥氏体时的温度,保温一定时间，让整个物件组织达到均匀后，迅速冷却。冷却可以在空气、油、水等具有不同冷却速度介质中进行。淬火的目的是可以有保留高温时的奥氏体组织，也可以通过不同冷却速度调整控制奥氏体组织转变成其他金相组织，如马氏体、贝氏体等，实现所需要性能的组织。

/回火/　把物件升温到钢还未开始变为奥氏体时的温度，保温一定时间后冷却。

回火一般是与淬火相配合的一种工艺，即淬火后通过回火处理，适当调整改善淬火后的组织结构和淬火应力，增强钢的韧性。

/退火/　把物件升温的钢完全变为奥氏体时的温度,保温一定时间后，缓慢冷却到常温。退火处理的目的是使钢获取软而韧的特性，一般是在冷加工钢材时，为消除加工应力硬化而进行退火，然后再继续进行冷加工。另外，根据用户要求，产品可以冷加工成品后即交货，称为硬态交货。如果是软态交货，还需进行退火热处理。

在机械制造厂，物件机加工前后，也要进行退火热处理。

/ 正火 / 把物件加热到钢开始变为奥氏体但没有完全变成奥氏体区间，保温一定时间，然后在空气中冷却，从而获得均匀的组织。

表面热处理只是改变钢材表面的力学性能的工艺。表面热处理只要求获得表面性能改变，如增强表面硬度、耐磨、耐腐蚀等性能。例如轧机用的轧辊，经过热处理以后，整体性能达到轧辊工作的要求，只希望能进一步提高表面硬度、韧性，这就可以通过高频淬火、火焰淬火，并利用随后的回火处理来实现。

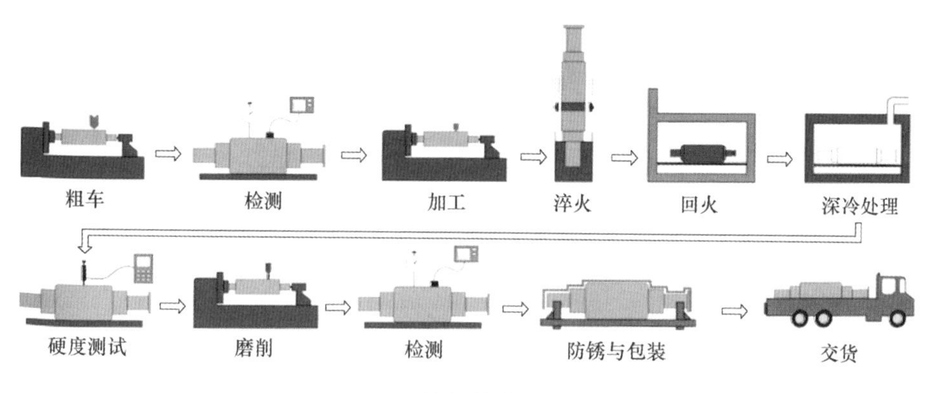

轧辊热处理过程

总之，不管进行哪种热处理，都是对钢组织结构的调整而不可少的工艺。

正在热处理过程轧辊

钢铁的合金成分决定了该钢种的组织结构。要调整钢种（牌号）的组织结构就必须调整钢种的化学成分。通过热处理工艺控制加热和冷却速率来改善组织结构，只是起到外因的作用，起到推手作用。在实际操作中，制定热处理工艺首先要了解合金的相图、相转变温度，确定淬火温度、淬火介质（确定冷却速度）。通过选择最佳的热处理工艺，达到最好效果，取得最佳性能。

第三节　钢铁大家庭里的宠儿

在我国东北地区，有一个中外闻名的特殊钢生产基地，它的特殊钢产品曾为我国第一颗原子弹爆炸，第一颗氢弹爆炸以及第一颗人造卫星、第一辆汽车、第一架飞机、第一辆坦克的制造贡献了力量。他们生产的钢铁产品广泛应用于航天航空、军工、石化、电力、机械制造、汽车、医疗卫生等领域，几乎覆盖了国民经济各部门，从一个侧面反映了特殊钢在我国国民经济发展中的地位和作用。可以毫不夸张地说，特殊钢是我国钢铁大家庭里的宠儿和骄子！

一、认识特殊钢

特殊钢，简称特钢，是钢铁材料的主要组成部分。所谓“特殊”，是与通用的钢材相比，有一些不同特点。有关特殊钢的含义，到目前为止，还没有一个统一的定义，不同国家有不同的解释。在我国，特殊钢一般指有特殊化学成分（合金元素多，或某一种合金元素含量高）、特殊组织性能（金相组织结构、形状以及性能与普通钢不同），满足特殊需要的钢种。特殊要求，既指使用环境的要求，如高温、低温、腐蚀（酸、碱）等，也指特殊的性能要求。

从化学成分看，特殊钢以合金钢为主，其中包括优质碳素结构钢、碳素工具钢、合金结构钢、合金工具钢（含模具）、不锈钢（耐热、耐酸）、高合金工具钢、轴承钢、弹簧钢等八大类。

在这八大类特殊钢中，最特殊之处就是高标准高质量的要求，这是与普通钢最大的区别。

（1）化学成分稳定且波动小。每一个钢种都有相对应的国家标准，化学成分含量必须控制在一定范围，炼出的钢必须符合标准规定的要求。在实际生产中，企业制定有自己的标准，化学成分的控制范围比国家标准更加严格。化学成分越稳定，产品的性能就越稳定。同时，在特殊钢的大批量生产中，还要求同一钢种不同炉号的钢材化学成分也要控制到像同一炉钢的成分，这是保证特钢质量稳定的最重要的基础之一。

（2）极高的洁净度。所谓洁净度，就像我们洗水果，要把它洗的干干净净，不留一点污点、脏物。钢的洁净度就是指钢中不要留下那些没有用处、而且有害的杂质，如氢、氧、氮、硫、磷、低熔点金属等。因为它们的存在会影响钢的组织和性能，甚至使用寿命。如果我们要把特殊钢应用到高科技领域或有特殊要求的工程、设备上，就会要求钢材有更高的洁净度。当然，洁净度是一个相对的概念，钢中总会残留或多或少的杂质，并以氧化物、氮化物、硫化物的形式存在。除了严格控制氢、氧、氮、硫、磷含量外，还必须控制这些化合物的存在形态（如条状、串状、球状）。

（3）良好的表面质量。钢材的表面质量问题是冶金产品的常见病、多发病，也是冶金厂家和使用厂家发生质量异议最多的一项。特殊钢的化学成分复杂、合金元素多且含量高，热加工塑性区温度范围较窄，加工温度不容易控制。一旦超出控制的范围，塑性急剧下降，容易出现钢材开裂、裂纹等缺陷。在冷加工时，特别是在加工冷轧薄带、拉拔细丝、轧制薄壁钢管等产品时，对钢材的洁净度及表面质量要求就更高了。

（4）获取致密均匀的低倍组织以及超细晶粒组织。钢材的晶粒大小、分布是否均匀，对特殊钢性能质量的影响特别重要。现在已研究出来一种超细组织的特殊钢。这种超细晶粒钢的制造，既提高了钢的强度，又不会降低韧性，是一种非常理想的强化钢材强度的方法。

炉外精炼

电渣重熔

在特殊钢生产中要获得高质量、高性能的产品，对炼钢的工艺、设备也比普通钢有更高的要求，许多特殊的炼钢工艺、设备都是为特殊钢生产而设计、提供的。例如，为了提高化学分析速度与精准度，实现了炉前快速分析；为了保证取样的代表性，采用强磁搅拌、氩气搅拌让成分更均匀。在冶炼工艺上，采用了炉外精炼、真空冶炼、真空加料、真空浇铸、电渣重熔等技术手段。

二、特殊钢扮靓航母更出彩

从影像资料上可以看到，我国辽宁舰乘风破浪的场景，令每一个中国人感到无比的自豪，期盼着有更多的我国自己制造的航空母舰走向大海深蓝。

辽宁舰

航空母舰是海军远洋作战的重要平台，是国家实力的象征，也是一个国家科技实力的结合体，制造航空母舰、实现海洋强国是我们每个中国人的百年梦想。可是要制造出具有先进的现代化水平的航空母舰，有许多难关需要闯，许多难题需要克服，这其中第一关就是航母的钢铁材料关。

航母这个巨无霸实际上就是一个钢铁的庞然大物，几乎整个身躯都是用钢铁构成的。在这些钢铁材料中，特殊钢采用量可达到50%以上。航母的甲板、壳体、构架、拦阻索系统、动力系统、舰载机弹射系统等都应用了高端性能的特殊钢。航母制造让特殊钢更出彩！

/ 高强度高韧性的钢 /

钢材的高强度与高韧性是一对矛盾体，追求高强度就会降低韧性，两者难以兼得。但在航母用钢中却需要两者共存，要求钢材有高强度还要有高韧性。航母在服役数十年中，每时每刻都承受着巨浪的拍打，舰载机的降落、起飞动态的冲击以及武器发射的反作用等。同时，航母长年在大海中航行，经受着酷暑和严寒、狂风和巨浪。为了保证航母整体结构的安全、可靠，要求钢材既有高强度又要高韧性是十分必要的。

/ 飞行甲板钢 /

航母在服役期间，甲板钢需要承受舰载机成千上万次降落地动态冲击，舰载机弹射起飞时发动机喷出上千度的火焰炙烤，作战时敌方穿甲弹的攻击。在这样的恶劣环境下，要求甲板具有高强度、耐高温、耐冲击、抗扭曲的特性。世界上只有美国、俄罗斯、法国等少数国家能够生产用于航母的甲板钢，即发生塑性变形时的强度应在 850 兆帕以上。俄罗斯的甲板钢采用 AK 系列镍铬加钛合金，屈服强度可达到 1000 兆帕；美国采用的是 HY-1000、HY-80 系列钢用于甲板制造。为了制造国产航母，我们也在加紧研制甲板用钢，我们将拭目以待。

/ 壳体用钢 /

航母常年处在海水浸泡和海洋大气中。为了防止海水、大气腐蚀，一般采用防锈漆把钢材与海水、大气隔离开来，约四年刷一次漆。用于制造壳体的钢材除有很高的强度外，还应具备很强的抗海水腐蚀能力。辽宁舰的壳体就是用特种钢制成的，具有良好的抗腐蚀性。辽宁舰的前身瓦良格号航母，虽然十多年没有涂防锈漆，但表面状态依然完好。同时，壳体用钢为防磁钢，是一种抗铁磁性钢，不易被磁化。这种钢不容易被敌方用磁力探测器探测到，在水下不易遭到敌方磁性水雷等武器攻击。

/ 轴承用钢 /

航母动力系统无论采用核动力还是普通动力，工作温度常达数百度或数千度。在高温状态下，要求钢材要耐高温，即在高温下强度高并保持不变；要有抗蠕变性，即在较高温度下不发生塑性变形的特性，这是一种常规要求。

通常认为超过120℃温度便是高温工作条件。对于一般轴承钢来说，在这一温度下便会出现屈服强度降低，组织结构发生变化，硬度也急剧下降，很快出现早期疲劳和磨损。为了保证航母有强大的续航动力和高速航行能力，高质量、高性能的轴承钢尤为重要。因此，在高温条件下，航母对轴承钢提出了更为苛刻的条件：

（1）硬度不低于一定值（如HRC50~56），金相组织稳定；

（2）高温尺寸稳定性良好，温度膨胀系数小，没有显著的组织变化，抗蠕变性好，残余应力小；

（3）抗氧化性好，生成的氧化膜与基体结合牢固，而且耐磨性和疲劳强度好，耐热震性好，能经受较快的温度变化，导热性好。

/ 拦阻索系统用钢 /

拦阻索系统是用于舰载机着舰后拦阻飞行惯性的一种装置。拦阻索是特殊钢丝编成的钢丝绳，绳内有棉芯，浸油后可防止钢丝生锈、腐蚀，保护绳索安全。拦阻索系统内通过液压制动拦阻索，并将拦阻飞机产生的巨大动能迅速转换成热能、势能。飞机着舰时仍保持一定的飞行速度，防止一旦拦阻失败，随时加速飞离母舰。当一架自重达30多吨并以一定飞行速度降落的飞机，当拦阻索挂上飞机尾钩后，要在100~200米距离内停下来，拦阻索系统承受的载荷之大是可想而知的，这就要求用于制造拦阻索的钢丝具有高强度、高韧性，有较强的瞬间抗冲击性能。同时，液压缸体、液压活塞、活杆都在巨大瞬间压缩力的作用下，也要求有很高的屈服强度、抗疲劳强度。

辽宁舰上歼－15舰载机的拦阻索系统

航母制造对钢材的要求是全面的、多方位的，除要求高强度、抗腐蚀、耐高温、高抗蠕变等性能外，还要求有良好的焊接性能。航母建造需要大量焊接件，其中板材、管材的连接都是通过焊接来实现的，于是会存在大量的焊缝。焊缝是结构体的薄弱环节。若焊缝出现虚焊、夹杂、裂纹、相变等缺陷，将会给结构件带来灾难性的后果。为航母制造提供的钢材既要考虑它的使用的特殊性，又要考虑它的共性。

特殊钢的应用领域不只是航母，还可应用到航空航天、核电、汽车、模具、轴承等诸多领域。但通过航母对钢材性能要求的解剖可以发现特殊钢“特”字的真谛，认识到特殊钢发展还任重道远。

我国特殊钢的生产、产品质量、装备水平、科研力量已经具备了参与国际竞争的实力。特殊钢的品种质量能够满足国防建设、尖端武器、特殊装备的需要。相信在不久的将来，我国一定能够实现名副其实的特钢强国、钢铁强国！

第四章 钢铁业的昨天、今天和明天

第一节 钢铁工业发展脉络

我国钢铁发展的历史源远流长，延绵数千年。为了理清它的发展史，有多少历代学者和考古学家，潜心记录和研究了我国的各个发展阶段钢铁发展的状况，冶金科技发展的成就及脉络。铁和钢，钢和钢材，只是一字之差，它们的转换却经历了漫长历史，人类为此付出了艰辛的劳动和智慧。

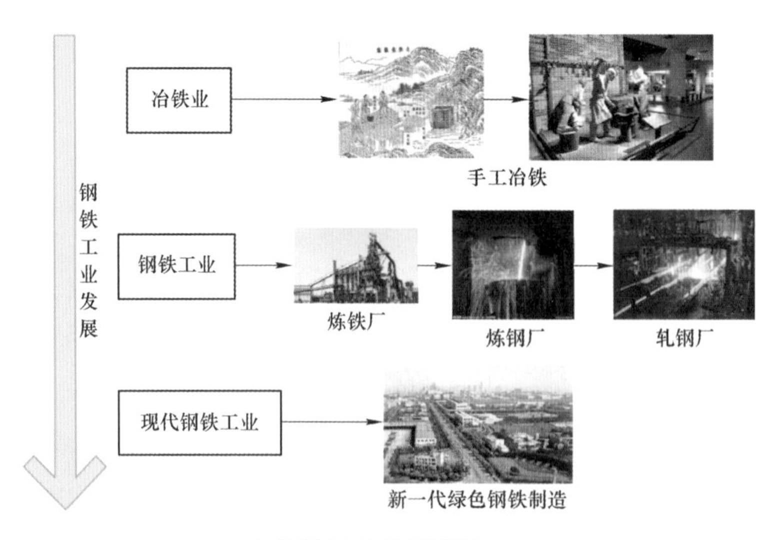

钢铁工业发展进程

第二节　古代冶铁业

早在距今两千五百年前的春秋战国之交，中国人就已能生产和使用铁器。由于在强度性能等方面远优于青铜器，铁器逐步取代了青铜器。到了东汉时期，终于结束了青铜器时代，进入铁器时代。铁器的出现和发展以及农业生产工具如铁镢头、铁锄、铁口犁等发明，极大地提高生产力的发展，促进了社会的进步，为实现农耕文明做出巨大的贡献。

古代冶铁

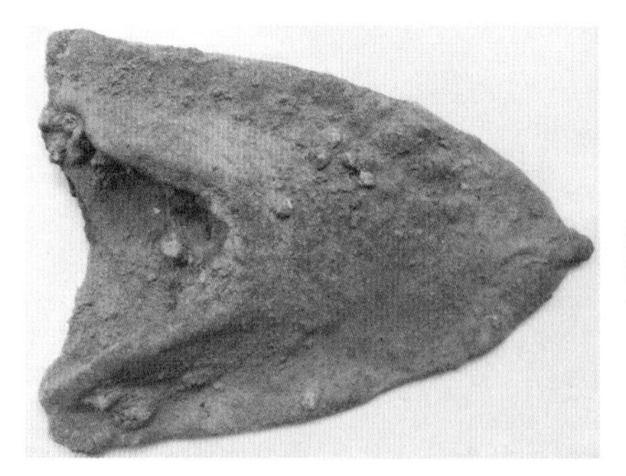

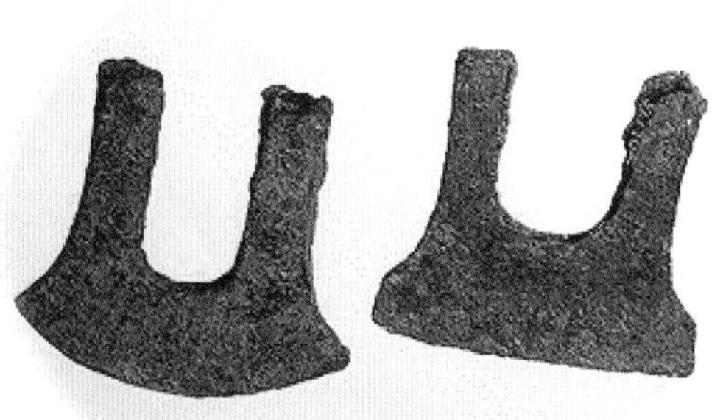

汉代铁犁及铁锄

在古代，重大的发明创造、新技术新材料的出现，人们总是首先应用于军事领域。同样在春秋战国群雄争霸时期，各国为了防御和开拓疆域，首先把铁器制造成各种兵器用于作战，使战争进入了“冷兵器”时代，变得更加惨烈和残酷。为了提高兵器的质量，特别是提高铁器的强度、硬度、韧性和锋利程度，匠人们的智慧和创造力被不断激发，逐步改善了冶炼浇铸、锻造等工艺，发明了先进的热处理工艺，制造出削铁如泥的“神刀”“宝剑”。流传于战国时期的一些美丽的锻刀、铸剑传说，即使到了21世纪，也还在民间流传。

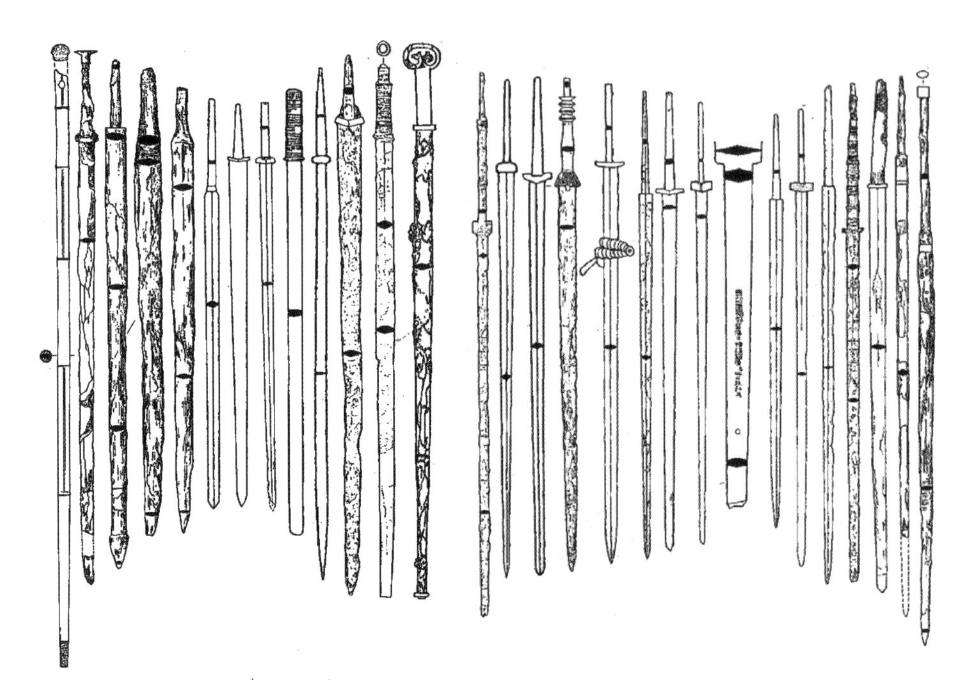

汉代钢铁兵器

在战国晚期，炼铁业有了快速的发展，成为当时社会最重要的生产部门，也是最能聚集财富的部门，已是关系国计民生的“产业”。

到了汉代，盐铁是国家官府所控制的物资，并由国家任命专门官职掌管冶铁，实行官营。据《汉书·地理志》记载：汉武帝（公元119年）已在全国设立48个铁官，下面设有炼铁场。其中陕西5个，山西5个，河南5个，安徽1个，江苏6个，现在的山东8个，四川3个，以及河北、北京等地若干。这48个铁官当时分布黄河上下、长江南北39个郡内，足见分布区域辽阔，规模宏大，冶铁制钢式的发展一直延续到清朝晚期。

古代传统冶铁业主要植根于农耕文明时代，手工和作坊式生产方式，生产效率低，质量差。在第一次工业革命之后，终于寿终正寝，由近代钢铁工业替代了古代传统的冶铁制钢工艺，钢铁发展史掀开了新的一页。

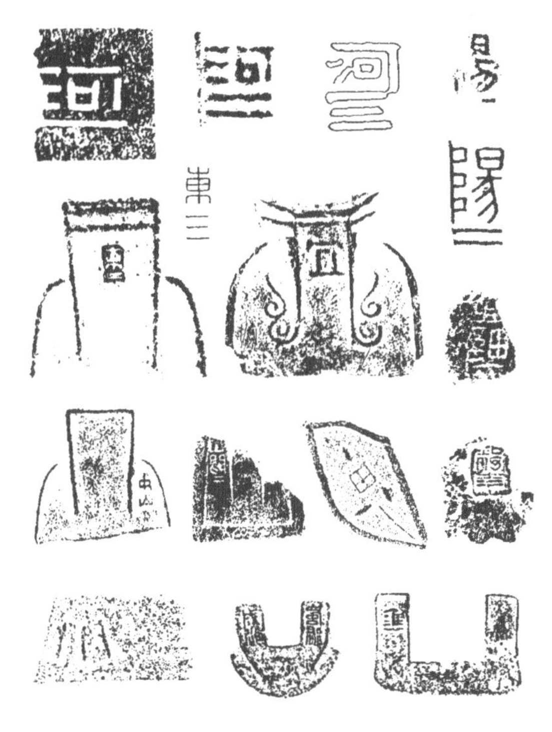

铁器标有冶铁作坊的铭文

一、铜器与铁器的冶炼情结

考察和研究古代冶铁史时，会发现青铜器生产工艺与冶铁工艺有着千丝万缕的联系。铜与铁同为金属，在冶炼中都有相似物理化学反应过程，只是铁比铜要求更高的冶炼温度。古代冶铁工艺或多或少受到青铜冶炼的启发。

考古发现证实，中国早期炼铜使用陶尊，一种形状类似“缸”或“罐”的盛器，陶尊外部涂有草泥，起到保温和绝热作用，内壁涂上耐火泥，铜矿和木炭直接放入炉内，点火鼓风加热。铜矿和铁矿有单独的，也有共生的，如果铜矿中混入铁矿石，通过氧化还原，就可以得到杂质含量较高的铁块。这是不是冶铁工艺的启蒙呢？

■ 古代最早的冶铁技术

研究世界冶铁史发现，铁的生产首先是从生产一种“块铁”开始的，这是各国古代冶铁，或者是进入铁器时代进程中共同的经历。块铁的生产就是用高品位的铁矿石，加入木炭，点火、鼓风，加热到1000多摄氏度，矿石中的氧化铁被碳还原成金属铁，脉石成为炉渣。金属铁呈现海绵状，含有许多气孔，这种铁在当时被称为块铁，也就是现在的海绵铁。这种冶炼方法与青铜的冶炼方法有异曲同工之妙。

二、中国冶铁业的五大发明

/ 生产铸铁技术 /

在早期的文明国度和地区中，中国使用铜与铁等金属相对较晚。中国冶炼块铁起始于公元前6世纪，约比西方晚900年。但一进入冶炼块铁的时代，100年后，中国就发明了冶炼铸铁的工艺。该项技术比欧洲早2000年，也就是说，中国花了100年，欧洲人花3000年才掌握了生产铸铁技术。由于铸铁比块铁有更好的性能，所以真正的铁器时代是从铸铁诞生后开始的。中国炼铁业如此迅速的发展速度是绝无仅有的。英国著名科学史家贝尔纳说，这是世界炼铁史上唯一的例外。铸铁的出现，为铁的广泛使用做出了历史性的贡献。用铸铁铸造生产出各种各样农具、兵器，制造精美的工艺品，促进了铁器时代的社会文明。同时，铸铁也是古代由铁变钢的原始材料。

/ 高炉炼铁技术 /

这里所说的“高炉”与现代炼铁高炉除了炼铁原理有相似之外，不可同日而语。

古代炼铁炉经历了漫长的演变过程。在演变中，炼铁炉型出现过三种形式，即在平地挖坑建炉，利用山麓挖穴建炉，坩埚型炉子，最终建成像我们现在的生产球团型的竖炉，这就是古代所谓的高炉。这种炉子在考古发掘中得到了证实。1975 年在郑州附近古荥镇发现和发掘出汉代冶铁遗址，场址达 12 万平方米，有两座并列的高炉炉基，估计高炉容积约 50 立方米，其炼铁规模可见一斑。

高炉冶炼首先要解决铁矿石问题。炼铁高炉一般建在铁矿资源丰富的地方，且矿山是露天矿，含铁量要求极高。考古发现，现今的山东、河南、陕西、湖南等都是炼铁场布点较多地区。战国时齐国是冶铁业较为发达地区，据考证，现今的淄博其矿山含铁高达 75% 以上。这是古代炼铁场选址的优先考虑。

一开始，高炉使用的燃料主要是木炭。木炭作为燃料和还原剂，其强度低，灰分高，燃烧值低，炉温也较低。因此，到了汉代时，由煤代替了木炭。到了宋代，由于用煤生产焦炭技术的出现，炼铁开启了使用焦炭的时代。

高炉鼓风能够加快燃料（木炭、煤、焦炭）的燃烧，提高炉温并在炉内形成还原性气氛。鼓风装置主要有皮囊鼓风、风箱、水力鼓风等。冶铁中连续不断地由人工操作鼓风，劳动强度大，操作环境差。因此，古代的冶铁匠人发明了水力鼓风冶铁。

水力鼓风装置

水力鼓风装置是一种利用水力作为动力源的机械装置。水力鼓风的出现，解放了鼓风操作工，提高了鼓风效率。但由于用水的局限性，后来逐步退出了冶炼历史，水力鼓风冶炼至今已经失传。

/ 铸铁柔化术 /

众所周知，铁和钢是两兄弟，铁含有较多碳，而钢也含有碳，但碳含量比铁低，它是通过铁脱去多余的碳后获得的，钢实际上是“脱胎换骨”的铁。古人们在没有掌握炼钢技术之前，在实际加工铁的过程中，已经从感性上认识到钢的存在，以及钢在性能方面的优越性。因此，把铁变成钢是他们梦寐以求的希望。钢是古人们在块铁或铸铁的一系列加工中获得的。在战国时期，出现了一种叫铸铁柔化术的工艺，这种工艺其一是在氧化气氛下对生铁进行脱碳热处理，使铸铁变成白心的韧性铸铁；其二是在中性或弱氧化气氛下，对生铁进行石墨化处理，使其成为黑心的韧性铸铁。到了汉代，这种铸铁柔化术又有新的突破，形成了铸铁脱碳钢的生产工艺，可以由生铁经过热处理生产出低、中、高碳的各种钢材。这种黑心的韧性铸铁就是我们今天所说的球墨铸铁，这种产品到 1831 年才在美国问世。

■ 铸铁柔化术

/ 炒钢制钢技术 /

在日常生活中，“炒”字是我们最熟悉的一个字，例如“炒菜”“炒饭”等。所谓炒钢，就是把生铁加热到液态、半液态，加入铁矿粉不断搅拌，使生铁的碳和杂质不断地被空气中的氧氧化，变成熟铁或钢。这项加工技术诞生于西汉后期。

炒钢工艺简单，原料易得，可以大规模连续生产，效益高，所得的钢材质量好，它是后来中国生产熟铁和钢主要方法。炒钢的发明是炼钢史上的一次革命，对中国古代钢铁生产和社会发展都具有重大意义。在欧洲炒钢始于 18 世纪的英国，比中国晚 1600 年。

/ 灌钢制钢技术 /

灌钢法又叫团钢法，或生熟法，是中国古代又一个了不起的成就。它的主要工艺流程就是选用品位比较高的铁矿石，冶炼出优质生铁，然后把液态生铁浇注在熟铁上，经过多次熔炼，使铁渗碳成为钢。由于是让生铁

■ 喜咏轩版《天工开物》记载的联合炒钢技术

和熟铁“宿”在一起，所以炼出的钢也被称为“宿铁”。

这种制钢工艺有以下优点：

（1）生铁作为一种渗碳剂，因熔化温度高，加速了向熟铁渗碳速度，缩短冶炼时间，提高了生产率。

（2）熟铁因碳的渗入而成为钢，而生铁由于脱碳也可以变成钢，增加了钢产量。

（3）在高温下液态生铁中的碳、硅、锰等与熟铁中氧化物夹杂发生化学反应，去除杂质，纯化金属组织，提高金属品质。

（4）灌钢法操作简便，容易掌握。要想得到不同碳量，只要把生铁和熟铁按一定比例配合好，加以熔炼就可以得到。

中国冶铁业的五大发明和技术进步极大地推动了中国炼钢业发展。在17世纪以前，中国钢铁业一直处于世界领先地位，受到各国的赞扬。公元1世纪时，罗马博物学家在其名著《自然史》中说道：“虽然铁的种类很多，但没有一种能和中国的铁媲美。”

三、刀光剑影中的智慧

刀和剑是古代兵器中最重要、最具影响力的武器之一。“神刀”“宝剑”“刀手”“剑客”在影视和武侠小说中都有许多浓重的描述，至今还吸引着多少人心驰神往。刀和剑无论是早在战国时期各国的争霸征战，还

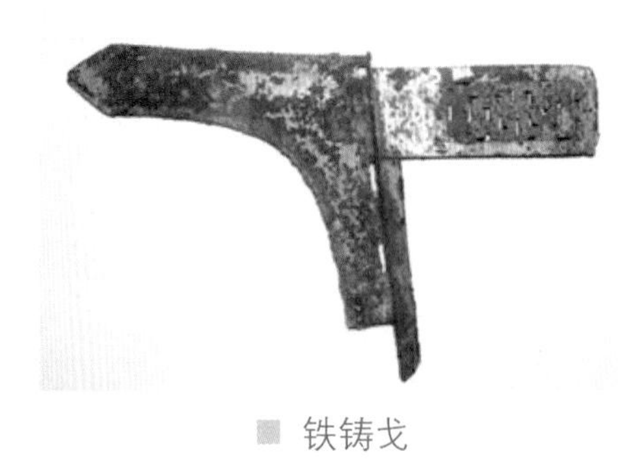
■ 铁铸戈

是在历代防御外族入侵中，都立下过赫赫战功。为了改善刀、剑性能，提高刀、剑的杀伤力，使其耐腐蚀、耐冲击，使用寿命更长，古代制造刀具的匠人们呕心沥血、苦心钻研，有“十年磨一剑”之说。刀和剑冶炼制作工艺是古代钢铁业成就的结晶，凝结着古代人聪明和才智，在刀光剑影中闪耀着智慧的光芒！

/“神刀”是怎样炼成的/

史料记载和出土文物证实，三国时期是刀剑制造的兴起时代。当时炒钢技术已经出现，因此“神刀”的原始材料可断为炒钢而不是铁，这为“神刀”的制造奠定了物质基础。那时已有“百炼钢”的加工工艺，即将铁不断反复加热折叠锻打，使钢块的组织致密、成分均匀、杂质减少，应用这方法能制造高质量刀、剑。三国时期百炼钢已相当普遍了。

另据1974年山东省临沂地区苍山汉墓中出土的一把古汉永初之年（公元112年）制造的钢刀，经科学检验表明，钢刀含碳量均匀，刃部经过淬火，所含杂质与现代熟铁相似。钢的淬火技术到了三国时期应该有了进一步的发展。蒲元制战刀也是应用了热处理工艺，即“淬火”和“回火”工艺。淬火就是将制好的刀具加热到一定温度，在烧红状态迅速放入冷水或其他介质中急冷，并再回炉加热，回火到一定温度。这样钢刀会变得锋利又有韧性。据《诸葛亮别传》里讲，蒲元对淬火热处理工艺有很深的认识，对淬火所用水质很有研究。他认为“蜀江爽烈”，适宜于淬刀，而“汉水纯弱”，不能用来淬刀，而涪水也可用。为了在陕西周至县斜口制造战刀，他派兵去成都取江水，由于山路崎岖，坎坷难行，所取江水打翻了一大半，士兵就偷偷掺入一些活水。水运到后，被蒲元识破，士兵们感觉十分奇怪。在1700年前，蒲元就发现了水质不同对淬火质量的影响，是非常了不起的成就。直到今天，它仍然是金相热处理这门学科的研究课题之一。

综上所述，“神刀”是用炒钢作原料，再经过“百炼成钢”，锻制成型后，选择适当的淬火介质，经过淬火热处理后完成的。

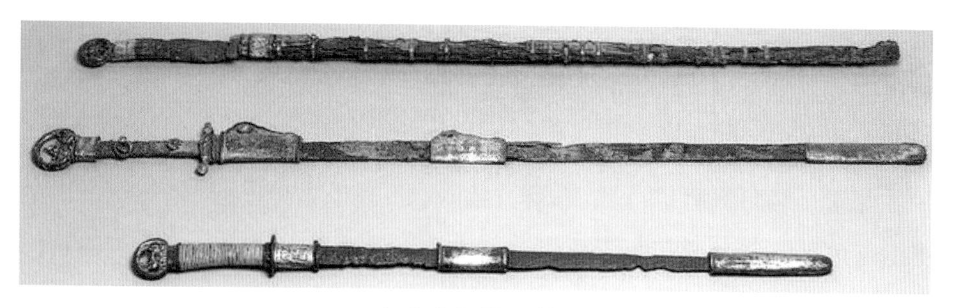

■ 出土完好的环首刀

/ 百兵之君——剑 /

剑，古代兵器之一，素有“百兵之君”之美称。与刀的区别是，剑为长条形，前端尖，后端安装有短柄，两边有刃，而刀为单锋弯型刃。开始剑是一种兵器，长度较短，打仗时说“短兵相接”，实际上使用的正是剑一类兵器。随后剑的功能逐渐发生了变化。剑的制造工艺与刀是相同的，但古代历史上，剑的影响远远大于刀类。

春秋战国时期，剑为步战主要兵器，原来较短，后逐渐加长。湖北江陵望山一号楚墓出土的“越王勾践剑”全长 55.7 厘米，到汉武帝时剑加长到 3 尺，剑锋的夹角由锐角变钝角。到东汉时，剑逐渐退出了战争舞台，成为佩带仪式到习武强身自卫。

在我国古代十大名剑的传说中，以龙泉剑的故事最具生命力，一直生生不息流传至今。龙泉宝剑是中华古兵器的代表，也是我国著名传统工艺品，因产于浙江龙泉县而得名，龙泉生产的剑“精美绝伦，斩铜如泥”称为宝剑，又称七星剑。

龙泉宝剑有着悠久历史。相传在春秋末期，越国铸剑大师欧冶子云游江南各省，当他到浙江龙泉时，发现秦溪山下，有一泓湖水，甘寒清冽，湖边有七口井，恰似天空北斗星座。用湖水淬剑，能增强剑的强度，正是铸剑的好地方。欧冶子就在湖边支起炉灶，用附近山中“铁

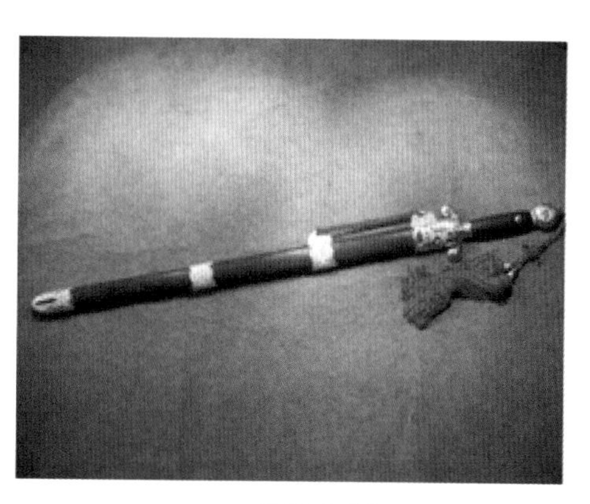

■ 龙泉宝剑

英”铸成“龙渊”“泰阿”“工布”三把宝剑献给楚王，受到重赏，“龙渊”宝剑也从此出名了。唐朝时，因避唐高祖李渊忌讳，以“泉”代“渊”、“龙渊”改为“龙泉”。

龙泉一地蕴藏有矿石“铁英”，磨剑的“亮石”和做剑鞘花榈木，秦溪山泉可以淬剑，茂密的森林能够提供充足的木炭燃料。龙泉宝剑的制作要经过炼、锻、铲、锉、剑花、嵌铜、冷锻、淬火、磨光等28道工序。在长期发展中，经过历代铸匠精益求精的钻研，龙泉剑形成了坚韧锋利、刚柔并寓、寒光逼人、纹饰巧致的四大特色。

龙泉宝剑的制作反映了古代冶金工艺的高超水平。2006年5月20日，龙泉宝剑锻制技艺经国务院批准列入第一批国家级非物质文化遗产名录。现在龙泉宝剑不仅作为礼品送给外宾，同时也走进寻常百姓家。

第三节　追寻钢铁梦

一、中国近代钢铁发展史上的几个转折点

研究和考察近代钢铁工业发展史的学者，一般都以1840年第一次鸦片战争为起点，以1949年新中国成立为终点，分阶段进行研究和总结。其中1840年为古代冶金业终结点；1840年到1889年具有现代钢铁工业雏形的汉阳铁厂的筹建作为建立现代钢铁工业的思索、探索起步阶段；1889年至1920年汉阳铁厂从兴盛到衰弱，为中国现代钢铁工业实践到失败阶段；1920年至1949年为现代钢铁工业停滞发展的阶段。新中国诞生前的近一百年，是中国人民苦难深重的一百年，是内乱外患战争连绵不断的一百年，也是钢铁工业的有志者苦苦追寻发展中国钢铁梦的一百年。

二、钢铁工业的探索和实践

1840年发生了第一次鸦片战争，满清帝国以割地赔款形式而告

终，20 年后，即 1860 年又发生了中法中英战争，中国以签订“天津条约”“北京条约”，丧失大片领土、巨额赔款为代价而告终。惨痛屈辱的事实让满清帝国的决策者逐步懂得必须发展工业，特别是发展军工业。1866 年 8 月，就是在这样大背景下，建立了以左宗棠（闽泊总督）为首的福州船政局，其主要任务有：（1）为国家制造作战和运输的船舶；（2）训练制造和驾驶近代兵商轮船的人员；（3）利用福建资源开采煤矿炼铁，以供应船政局的需要。在该厂诞生了中国第一批操作机器的钢铁工人，但该厂只能轧钢不能炼铁、炼钢，钢坯需从国外进口，轧制工艺落后，轧材只供自己使用，市场狭窄，加上资金困难，最后停产关闭。这是中国在不知不觉中出现的第一家轧钢厂。

江南制造局炼钢厂

1865 年由曾国藩等人主持创建了江南制造局炼钢厂。炼钢厂采用蒸汽机为动力，西门子平炉炼钢技术，但无炼铁设备。

1886 年由贵州巡抚潘蔚主办近代第一个民族工业企业——贵州青溪铁厂。它是一家独立的生产个体，具备钢、铁生产完整流程，以冶炼钢铁为主要目标的厂子。先用土炉，后从英国订购炼铁、炼钢设备，但终因政府腐败、缺乏资金、煤和铁矿石短缺，加上管理不善而于 1893 年停办。

在此期间，清政府开展了以实现工业化为目标的洋务运动，加快了国内矿山、煤矿的开发，同时发展铁路、军工等工业，拉动了钢铁的需求。据资料统计，清政府在19世纪下半叶增加了进口钢铁的数量。其中1867年进口钢铁8250吨，1885年进口13万吨。钢铁进口逐渐增加，在增加国库支出负担的同时，也让决策者认识到钢铁工业对其他工业发展的支撑作用。在财政越来越难以承担钢铁进口负担之后，终于在中国诞生了一座具有现代工业雏形的钢铁企业——汉阳铁厂，希望以此增加钢铁数量，减轻财政负担。

1891年，由湖广总督张之洞主持兴建湖北汉阳铁厂和大冶铁矿，三年后建成投产出铁，是当时最大的企业，也是最先进的企业。它的建设标志着中国现代钢铁工业的兴起。因甲午战争中国战败，清政府为筹措战争赔款，于1896年4月11日将铁厂改为官督商办，承办人为盛宣怀。1908年，汉阳铁厂、大冶铁矿和萍乡煤矿联合组成汉冶萍煤铁矿公司。这是中国近代第一个大型钢铁联合企业，也是当时远东一流的钢铁联合企业。至辛亥革命前有炼铁炉3座，炼钢炉6座，年产生铁约8万吨，钢约4万吨，钢轨2万余吨。1914年爆发第一次世界大战，期间钢铁价格大涨，汉阳铁厂每日产铁700吨，钢210吨。但第一次世界大战结束，世界经济进入萧条，钢铁价格急剧下跌，再加之其他原因，到1924年4座高炉全部停产。

20世纪30年代，日本记者拍摄的汉阳铁厂全景

1938 年 10 月，日军占领汉冶萍公司所属的大冶铁矿及炼铁厂，照片中 450 吨的熔铁炉当时在亚洲处于领先水平

如果说汉阳铁厂的建立是中国人百年追求钢铁工业发展梦的开始，那么它的停产则是追寻发展梦的破灭。此后，1931 年“九一八”事变，日本帝国主义侵占东三省，开始疯狂掠夺煤炭、钢铁资源。1937 年开始的八年抗日战争，后来的四年解放战争，中国钢铁工业发展几乎处于停滞和毁灭状态，在“国统区”内（不包括日本控制的东北）钢铁产量从未超过 10 万吨。

第四节　现代钢铁工业的崛起与钢铁强国梦

1949 年中华人民共和国建立，中国钢铁工业翻开了历史的新篇章。

一、三大钢铁基地的崛起

/ 鞍钢恢复建设 /

我国东北地区土地肥沃，区域辽阔，蕴藏着丰富的水力、煤炭、石油、铁矿资源，是我国重要的工业基地，为发展钢铁工业提供了坚实基础。解放初期，东北分布着鞍钢、本钢、北满钢厂、大连钢厂、抚顺钢厂。1945 年以前，全国 300 立方米以上高炉 16 座，其中鞍钢 9 座，本钢 4 座；800 立方米以上高炉鞍钢 6 座，本钢 2 座。1948 年底东北地区解放，1949 年起，东北地区开始恢复的钢铁生产实际上是在旧中国留下的陈旧落后、残缺不全的烂摊子上开始的。1949 年底鞍钢、本钢 5 座高炉全部恢复了生产，到了 1952 年生产钢 135 万吨，生铁 193 万吨，钢材 113 万吨，创造了中国钢铁工业的新纪录。

■ 鞍钢

1953 年开始实行发展国民经济“第一个五年计划”，将钢铁工业放在优先发展的地位，在 156 个建设项目中，其中有鞍山钢铁公司扩建和现代化建设项目，为鞍钢成为中国的“钢都”“共和国钢铁工业的长子”和“中国钢铁工业的摇篮”奠定了历史的基础。

经过几十年的发展，鞍钢已形成从采矿、选矿、炼铁、炼钢到轧钢综合配套，以及由焦化、耐火、动力、运输、冶金机械、建设、技术研发、设计、自动化、综合利用等辅助单位组成的大型钢铁企业集团，成为引领中国钢铁工业发展、培养输送钢铁人才的中国第一个钢铁工业基地。

/ 武钢建设 /

华中重镇武汉市是华中地区的工业基地，是我国现代钢铁工业的发祥地之一。这里有丰富的铁矿资源，四通八达的水陆交通，是发展我国钢铁工业的理想地区。新建武汉钢厂同样被列入发展国民经济“第一个五年计划”中，成为156个重点建设项目之一。

■ 武钢

武钢于1955年10月正式破土动工，1958年9月13日正式投产。1955年国家批准武钢一期工程年产120万~150万吨的初步设计规模。1956年冶金部批准续建300万吨二期工程。1960年初轧厂1150毫米轧机试验成功，标志着武钢完成了一期工程建设。1965年武钢进行年产钢200万吨配套设计，1966年轧板厂2800毫米轧机投入生产；1972年从联邦德国、日本引进1700毫米冷轧机，开创了引进国外先进技术的先河；1973年国家批准武钢“双400万吨”的初步设计；1978年冷轧厂试轧成功，二炼钢厂一号连铸机投料试铸成功，硅钢厂、热轧厂建成投产“突破双200万吨”。至此，武钢成为继鞍钢之后中国的第二个钢铁工业基地。

/ 包钢建设 /

包头市地处内蒙古高原的南端，阴山山脉横贯该市中部。它是内蒙古自治区的第一大城市，是我国重要的基础工业基地。历史上这里曾是“手无寸铁”的地区。

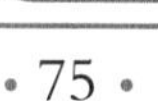

■ 包钢

包头的矿产资源具有种类多、储量大、品位高、分布集中、易于开采的特点。尤以金属矿产得天独厚，其中稀土矿不仅是包头的优势矿种，也是我国矿产资源的瑰宝。包头的白云鄂博矿是举世瞩目的铁、稀土等多元素共生矿，是西北地区最大的铁矿，稀土储量居世界第一，铌、钍储量居世界第二，因此，包头有“世界稀土之都”之称。与此同时，包头还有丰富的煤炭资源。包头市水源充足，黄河流经包头市境内达 214 公里，年径流量达 260 亿立方米。

因此，在包头市建设包钢被国家列入“第一个五年计划”重点项目。1954 年包钢开始筹备建设，1957 年 7 月 25 日破土动工。包钢是新中国成立后，在工业基础十分薄弱没有任何钢铁工业基础条件下，在戈壁荒漠上白手起家、艰苦奋斗建设起来的现代钢铁企业，成为我国与鞍钢、武钢齐名的第三钢铁工业基地，是内蒙古草原上一颗璀璨的明珠。

1949 年至 20 世纪 80 年代，我国钢铁工业通过原有钢铁企业恢复建设，完善工艺流程，调整结构，扩大生产规模等途径，为中国钢铁工业发展奠定了重要基础。特别是这一时期鞍钢、武钢、包钢三大钢铁工业基地建成投产，为后来推动我国钢铁工业的发展提供了经验和借鉴，培养并源源不断地输送了大批钢铁工业建设技术人才和劳动大军。中国钢铁工业的崛起之路从此扬帆起航了！

二、攀钢的建设成就“钒钛之都”

在四川省西南部，金沙江畔，有一座全国唯一以花命名的城市——攀枝花市。攀枝花，也叫木棉树，树形高大，雄壮魁梧，枝干舒展，花红如火，硕大如杯。花盛开时叶片未长，远看如一团团在枝头尽情燃烧，欢快跳动的火苗，极有气势，因此，历来被人们视为英雄的象征。攀钢就坐落在这座花的城市里，攀枝花市因它而建造，也因它而骄傲。有了攀钢，攀枝花市成为了我国西部最大的钢铁、钒、钛和能源基地，有“中国钒钛之都”之称。

/ 资源得天独厚 /

攀枝花地处川滇交界处，在横断山区，攀西裂谷中南段，山高谷深，盆地交错分布，地貌类型复杂多样。20 世纪 30 年代，这里意外发现铁矿，经 40 年代、50 年代陆陆续续勘探认定有高达十亿吨以上的储量，非常具有开采价值。然而由于这里山高谷深，地理环境复杂，交通闭塞，曾一度停止勘探。但在 20 世纪 60 年代中期，党中央关于加快“三线建设”的决定，彻底改变了攀枝花的命运。

■ 攀钢

中央决定在“三线”建设一座钢铁工业基地。在攀钢建设前期，加快了该地区铁矿资源的补查，结果这里探明铁矿（主要是钒钛磁铁矿）73.8 亿吨，是全国四大铁矿之一。2007 年伴生钛保有储量 4.25 亿吨，占全国的 93%，居世界第一；伴生钒保有量 1038 万吨，占全国的 63%，居全国第一，世界第二；此外还有钴、镓、钪、镍、铜、铅、锌、锰、铂等各种稀有金属。同时，这里储有钢铁冶金所需要的熔剂、耐火材料等。邓小平来攀钢视察之后感慨地说：“这里（资源）得天独厚！”

/ “钉子”就钉在这里 /

攀枝花地区处于我国西南腹地，这里崇山峻岭，是靠山隐蔽防止战争打击的理想之地。攀钢工程的建设处于特定的历史时期，是当时我国经济建设领域中的一个重大事件，受到了各个方面的关注，也是中央领导最为牵挂的工程之一。

1964年5月，在北戴河召开的中央工作会议上，毛泽东主席明确指出：“建不建攀枝花，不是钢厂问题，是战略问题”。他告诫全党同志：“我们始终立足于战争，从准备大打、早打出发，积极备战，把国防建设放在第一位，加强‘三线建设’，逐步改善工业布局。”

此后，党中央、毛泽东主席多次对攀枝花的开发建设做出指示。1964年10月，在选择厂址时，毛泽东主席指出：“钉子就钉在攀枝花”，就这样，攀钢的厂址定在攀枝花了。

/ 攀钢是“三线建设”的缩影 /

“三线建设”从1964年开始到1980年结束，历经三个五年计划，是我国经济建设一个重要阶段。所谓“三线”即是我国战略防御从地缘上分为三条纵深线：一条是边境和沿海为一线，二条是沿边境省市内延的地区为二线，三条是腹部省份中少数城市和山区为三线。调整、转移一线工业布局，加强“三线”地区的军工、钢铁、尖端武器研制等领域的建设和发展，是做好应对可能爆发战争的必要战略措施。

攀钢的开工建设就是在这样以临战的形势下，以超常规的方式进行，完成了攀钢主体工厂的建设，攻克了钒钛磁铁矿高炉冶炼的世界难题，开展了从钒钛磁铁矿中提取金属钛、金属钒的综合利用。攀枝花市成为名副其实的“中国钛钒之都”。

攀钢建设既是中国钢铁工业崛起路上的一个特例，也是我国“三线建设”的缩影。中国钢铁人永远不会忘却攀钢建设的记忆。

三、共和国的骄子——宝钢

上海宝山钢铁总厂，后改为宝山钢铁（集团）公司，简称“宝钢”，它是我国20世纪70年代后期开始兴建的大型现代化钢铁企业，是目前引领我国钢铁工业发展的方向，实现中国从世界钢铁大国转变为钢铁强国的领军企业，有“共和国骄子”之美誉。

■ 宝钢

/ 一段鲜为人知的故事孕育了宝钢 /

1977年10月22日，考察代表团向中央领导汇报访日的所见所闻。“有一天日本人请客，服务员送来易拉罐啤酒饮料，我们没用过，不会用。鬼才知道日本人竟把钢铁制得像纸一样薄，还印上彩色图案。那个罐头，日本人用手指一拉就开了，所以叫易拉罐。我们的铁皮罐头是焊制的，要用特制的锥子才能撬开它。”

“日本是个岛国，没有铁矿、煤矿，就连石灰石也要靠进口。15年前，中国与日本钢铁产量相差无几，短短15年，其钢产量竟猛增到了1.19亿吨，是中国钢产量的5倍！”

这次考察的所见所闻让中央领导震撼了！本来准备立足内陆发展钢铁，在冀东建设一座年产1000万吨级的中国最大钢铁基地的思维开始转向。

这是“宝钢孕育”的开始。

/ 缓建、复建和扩建的坎坷之路 /

宝钢是我国钢铁发展史第一个主体设备引进，投资规模超常的新建钢铁企业。调整宝钢的建设规划，由一气呵成变为分三期进行，逐步推进。一期工期由停建改为续建；由整体引进设备改为主体装备引进、少部分设备国内制造或与外商合作制造，实现引进先进技术和壮大国内制造装备能力相结合，同时节省了外汇支出；通过谈判，将原定现汇支付贷款修改为卖方贷款，分期支付，充分利用了外资。通过一、二期工程建设，宝钢已成为大型化、连续化、自动化的冶炼、轧钢现代化大型钢铁企业，形成了一个技术密集、结构复杂、工程浩大的生产系统。

/ 中国钢铁工业崛起的里程碑 /

宝钢经过三十多年建设和发展，已经成为世界一流的钢铁企业，是一个引进先进技术成功、生产成功、改革成功、管理成功的现代化企业，对中国钢铁工业崛起具有里程碑式的意义。

（1）创出一条新的发展模式。

宝钢的建设成功为我国钢铁工业的发展创出一条新的发展模式，突破了原有冶金企业发展布局。这模式就是：利用世界最先进技术、引进、消化、创新，大批量、高质量的生产，设备大型化、自动化；厂址放在能够停泊大船的沿海，依靠国内、国际两个市场，进口矿石、出口产品，适应经济全球化。这种钢铁发展模式为我国沿海地区发展钢铁工业提供了借鉴。

（2）大幅缩小与国外先进水平的差距。

宝钢的建成投产大幅缩小了我国与世界先进钢铁大国的产品质量、技术装备水平的差距。通过自主创新、消化吸收我国一些钢铁产品，技术水平达到或超过世界先进水平。

在宝钢建设的各个阶段，积极采用世界上成熟先进的技术，炼铁、炼钢、连铸、轧钢等各个工序都保持当时的世界先进水平。

在引进技术的基础上，宝钢经过了引进、消化、吸收、创新阶段。其特点是随着时间推移，宝钢全部装备技术努力与世界钢铁新技术、新工艺、新装备同步发展，不断对没有引进的设备进行技术改造，将一些成熟、可靠的新技术应用到老的引进的设备上，始终保持装备的先进性。

宝钢的建成投产，极大地提高我国钢材实物质量，解决了我国一些钢材的短缺，填补了一些品种的空白。宝钢是目前中国最大、最现代化的钢铁联合企业，有着人才、创新、管理技术诸方面的综合优势，奠定了国际钢铁市场上“世界级”的地位。在汽车用钢，造船用钢，油、气开采输送用钢，家电用钢，电工器材用钢，压力容器用钢，食品、饮料用钢，金属制品用钢，特种材料用钢以及高级建筑用钢等领域，宝钢成为中国市场的主要供应商。同时，产品出口日本、韩国等世界各地。在高质量、高附加值新产品领域，中国实现了从进口到出口的历史性跨越。

（3）实现了企业管理水平的飞跃。

宝钢在引进主体装备、技术的同时，也引进管理软件。世界一流的企业必须有世界一流的管理。宝钢就是这样变传统管理模式为现代经管理模式。宝钢作为世界级钢铁企业，其生产、技术、营销、原料供给、产品质量控制、工程质量、金融、对国内外协作、信息网络、科技产品研发等是一个庞大、复杂的系统工程。宝钢做到了“一流企业、一流效率、一流质量、一流效益”，充分反映了宝钢的一流管理水平。

四、钢铁强国之梦不再遥远

20 世纪 90 年代到 21 世纪初，中国经济持续快速的发展，为钢铁工业的发展提供了广阔的市场，拉动钢铁工业的高速发展，这是中国钢铁发展的“黄金期”。从 1996 年钢产量突破亿吨后，一直高居世界钢铁产量榜首。至 2014 年，中国钢产量达 8.154 亿吨，约是世界总产量的 49.06%，成为名副其实的世界钢铁生产大国、消费大国。

/ 构建了一个全球产业链最完整的冶金工业体系 /

新中国成立初期，恢复鞍钢、本钢以及华北部分钢厂的建设，同时新建了武钢、包钢，形成三大钢铁基地；“三线”时期，在西南、西北完成攀钢、酒钢的建设，同时扩建了一批特殊钢生产企业；1958 年通过“大炼钢铁”吸取了教训，同时也建立了一批地方骨干企业；1978 年改革开放之后，随着计划经济体制向市场经济体制的转变，给我国钢铁工业注入强大的生机和活力，国有钢铁企业、股份制钢铁企业如雨后春笋般地成长起来。到 2005 年，我国（不包括台湾地区）基本形成了九大钢铁生产基地，即鞍（鞍山）本（本溪）钢铁基地；京（北京）津（天津）唐（唐山）钢铁基地、上海钢铁基地、武汉钢铁基地、攀枝花钢铁基地、包头钢铁基地、太原钢铁基地、马鞍山钢铁基地、重庆钢铁基地。这九大钢铁基地就像九根擎天大柱支撑起共和国的大厦。这九大钢铁基地均处于工业基础雄厚、矿产资源丰富、能源充足、交通便利、市场占有率高的地区，具有发展钢铁工业的独特优势。经过几十年的建设，形成了矿山、冶炼、连铸、轧制、金属制品为一体，兼有工程建设、装备制造、工程设计、产品研发、市场营销体系、金融、物流体系的现代钢铁大型联合企业。

在全球经济一体化新理念、新观念的指导下，在“一带一路”、京津冀协同发展、长江经济带三大战略和全国主体功能区规划的引导下，我国提出了新一代钢铁制造流程研发和新一代钢铁基地的建设。其中，宝钢、武钢等在湛江、防城港等地新建了钢铁基地，都是中国自主设计、自主创新集成、新建的新一代钢厂，它们都布局在沿海，生产流程完全自主设计，具有高技术含量，高装备技术水平，国产化率达 93% 以上。至此，我国从钢铁产业布局和发展体系上基本完成了一个作为世界钢铁大国向世界强国转变应该具有的基本条件。

/ 装备水平可与钢铁强国相媲美 /

引进技术装备消化、吸收与自主创新技术改造相结合，中国钢铁工业装备水平可与世界钢铁强国相媲美。

20 世纪 70~80 年代，我国钢铁装备水平与国外先进水平相比差距在二十年以上。70 年代武钢首先引进了德国的一米七轧机冷轧带生产线，开创了中国钢铁引进单个项目的先河。70 年代末到 80 年代，宝钢主体设备整套引进，并以逐步自我或合作设计生产设备，提高国产率为目标，开了企业整体引进、消化、创新的先河。在引进国外技术装备上，我国坚定不移地走引进消化、自主创新的道路，并取得了成功。以炼铁为例，消化吸收宝钢引进炼铁技术，实行国产化并移植推广，对促进中国炼铁业进步起到很大的推动作用。有数据统计，从1980年到1995年，新增铁6727万吨，其间新建的钢厂有宝钢、天津无缝管厂、沙钢，钢铁产量大幅提高应归于已有企业的扩建与技术改造，淘汰了落后的炼铁高炉，新建、改建了一批大高炉，采用国外先进的技术装备，如无料钟炉顶、软水密闭循环冷却系统、改进炉体结构和材料、检测设备与过程控制系统等都采用先进技术。同时对烧结、原料场进行系统改造，加强焦炭质量控制，大幅提高和改善了炼铁的各项经济技术指标。

进入21世纪以来，中国钢铁工业技术装备水平通过自主创新，瞄准了设备大型化、自动化、信息化、现代化的发展方向，新建了一批具有国际先进水平的大型高炉，大型的炼钢转炉、电炉，高度自动化、高速化、连续化的轧钢装备。在国家淘汰落后，产业升级的产业政策指导下，在固定资产投资高速增长和技术进步的推动下，加快了国产冶金技术装备大型化和现代化。1000立方米高炉、2000立方米以上高炉在一般重点钢铁企业中已屡见不鲜。至“十二五”末，重点大中型企业1000立方米以上高炉占炼铁总产能的72%，100吨以上转炉（电炉）占炼钢总产能的65%。在此期间，我国自主设计制造建设了首钢京唐5500立方米高炉、沙钢5800立方米高炉和十几座4000立方米级大型高炉，建设了5米级宽厚板轧机、2米级热轧机和2米级冷轧机，以及宝钢湛江550平方米、太钢600平方米等大型烧结机，建设了大批7米和7.63米大型焦炉和干熄焦装置。

有专家认为，冶金技术装备大型化、现代化是这一时期钢铁工业的发展特点，而首钢京唐在曹妃甸两座5500立方米高炉的设计建设则是中国钢铁技术进入自主创新阶段的重要标志之一。这两座高炉的经济技术指标是按照国际水平设计的，其中一代炉龄为25年。在高炉设计中采用了68项自主创新和集成创新的先进技术。这两座高炉投产运行实践表明，自主创新和集成创新的先进技术的应用是成功的。

目前我国钢铁工业的技术装备水平从总体上看，企业之间还存在着先进与落后多层次并存的局面，这种局面在国家新的产业政策指导下正在改变。但对于大型企业或一些大的钢铁集团公司而言，装备水平不再落后，已基本达到或超过了国际先进水平。

我国冶金装备制造业已形成了教育、科研、设计、制造、服务的完整体系。冶金重大技术装备从冶炼、轧制、精整等主体成套装备，到球团烧结、炼焦制气、物料搬运、节能减排等辅助成套装备都能够立足国内设计制造，有的装备迈入世界前列。

/ 产品实物质量和产品品种有新的突破 /

从 20 世纪 90 年代，通过自主推进连铸、连轧、护炉等技术，全国钢厂的技术结构得到全面提升，特别是认识到了钢铁工业共性关键技术的重要性，加快了这些重要的关键技术的推广应用，有力地推动了技术结构升级换代，大幅提了劳动生产率，产品质量明显改进，节能效果显著，生产成本大幅度下降。

进入 21 世纪以来，在市场需求的拉动下，在 20 世纪 90 年代技术结构的支撑下，2008 年钢产量达到了 5 亿吨，人均产钢量达到了 378 千克，在我们一个有 13 亿人口国家，人均产钢达到了工业化国家用钢的水平，是一个了不起的成就。在数量大幅增长的同时，产品品种质量和各项经济技术指标也登上了新台阶。不少经济技术指标进入国际先进行列，钢铁产品的品种和质量取得重大突破。长期依靠国外进口的小汽车用钢基本解决，不锈钢、冷轧硅钢片实现大批量、连续化的生产，它们的性能和表观质量均达到国际先进水平。我国钢铁基本满足了国民经济建设各部门对钢铁品种和质量的需求，如万百千瓦级核电用钢、超临界火电机组用钢、高磁感取向硅钢、第三代高强度汽车板、高性能海洋平台用钢等为代表的高端装

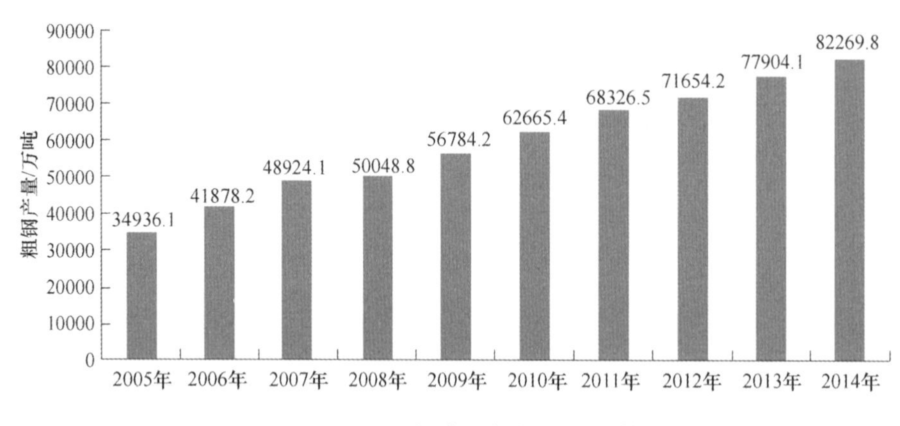

2005~2014 年我国粗钢产量走势图

备用钢实现产业化，量大面广的建筑用钢实现升级换代，重点大中型钢铁企业 400 兆帕及以上高强度螺纹钢筋生产比例高达 99.6%。

/ 全面崛起，实现钢铁强国梦不再遥远 /

经过 60 年的探索建设、发展，中国已建成布局相对合理、技术装备水平不断提升、产业结构持续优化的完整的钢铁工业发展体系。中国钢铁工业已经建成了一支强大的产业大军，拥有包括矿山、冶金厂、工程建设、设备制造、科研开发、工程设计、高等教育的专业队伍，拥有独立自主设计和建设各类钢厂、矿山，冶金装备制造，建设施工安装，科研开发，经营管理等方面的能力，还有一支开拓国际市场的营销队伍。我们可以自豪地说：在我们这一代，实现钢铁强国梦已不再遥远了。

/ 未来就在我们脚下 /

从钢铁大国转变为钢铁强国有一个逐步发展的过程。评价是否是钢铁强国也没有一个固定标准。明天的中国钢铁工业将走向何方？

在可预测的未来中，钢铁工业仍然是我国重要的基础工业。钢铁兼有工程材料、功能材料于一身。目前还没有发现哪一种材料能够彻底替代钢铁产品，撼动“工程材料之王”的地位。钢铁在工程材料领域里仍将独领风骚数百年。

中国将进一步优化钢铁工业的布局。在内陆，将通过淘汰落后产能缓解铁矿资源短缺，实现钢铁产品的供需平衡，一批无竞争力的中小钢铁企业将退出市场；在沿海，将布局大型的钢铁企业，吃的是国外进口矿，产品面对国内外市场。同时在国内通过整合重组，进一步提高产业集中度，提升竞争力。

中国钢铁产业将通过技术创新，实现信息技术与制造技术深度融合，达到产业全面转型升级。同时，树立绿色发展理念，坚定不移地走绿色、循环、可持续的发展道路。通过推广应用节能新技术，充分利用余热、余气，实现循环利用。钢铁产业不只是生产钢铁产品，也是能源转换、循环发展的产业。发展钢铁产业循环经济将是今后的努力方向。期盼明天我们的钢铁厂天空是蔚蓝的，水是洁净的，地是绿茵茵的，空气是新鲜的。

中国钢铁工业将进一步开放发展，走向国际化之路。以“一带一路”

沿线资源条件好，配套能力强，市场潜力大的国家为重点，推动国际产能合作。一些优势钢铁企业将走出国门，积极参与国际竞争，在海外建设钢铁生产基地、加工配送中心，带动先进装备、技术、管理对外输出。

中国钢铁产业将加快钢铁制造信息化、数字化、智能化，实现基础自动化、生产过程控制、制造执行、企业管理四级信息化建设。一些大型企业将建立大数据平台，在制造工序推广知识积累的数字化、网络化。钢铁产业重要工序实现智能制造、网络协同、大规模个性化定制是未来的发展方向和趋势。

中国钢铁工业将依托强大的科研开发力量，不断生产出高质量、高附加值的产品。新产品、新技术、新工艺将会不断涌现，开发出一大批具有高质量、高水平的新材料、新品种，满足工业现代化、国防现代化的需求。

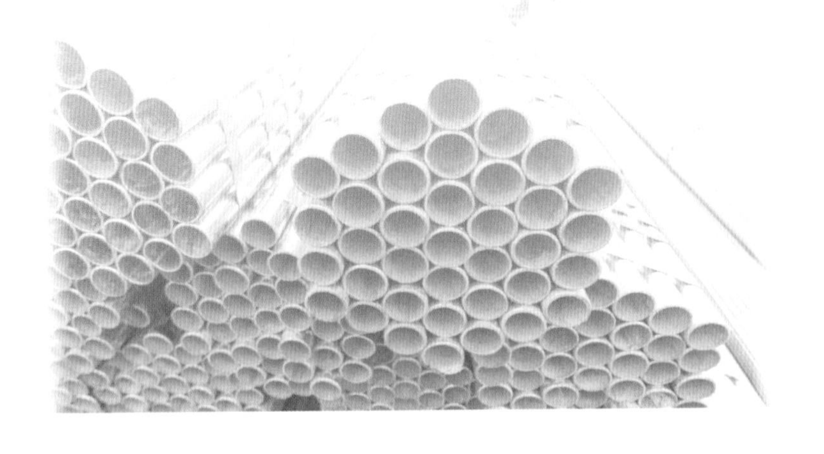

矿业篇

铁矿石是钢铁生产的重要原材料,如同钢铁巨人的主食一般必不可少。然而,想要大量获取这些埋藏在地下亿万年的珍宝,可不像收割小麦水稻这般简单。走进矿山,感受热烈奔放的劳动场面,探秘暗黑深邃的地下世界。

神秘的矿山犹如粮仓,夜以继日、源源不断地向人类输送铁矿。这些食粮,有的来自地下矿井,有的来自地表矿坑,人类用聪明才智,将深埋地下、其貌不扬的“石头”重见天日,去芜存菁,令其改头换面,熠熠生辉,散发光芒。

第五章 | 钢铁工业的食粮

第一节 地壳运动的产物

铁矿石赋存的地质体为铁矿石矿床,它是由地质作用在地壳中形成的,其所含有用矿物资源的质和量在一定的经济技术条件下能被开采利用。

一、 矿床的形成

矿床的形成受成矿物质及其来源、成矿环境和成矿作用三个因素的控制。依据成矿作用将矿床分为内生矿床、外生矿床、变质矿床和叠生矿床四大类。

/ 内生成矿 /

地球内部热能是导致这类成矿作用得以发生的能量来源,最重要的就是与岩浆作用有关的各种成矿作用。内生成矿作用多在地壳内一定深度下的较高温度和较大压力环境下进行,一般可在地下 1.5 千米以内,直到地下 15 千米范围内,与火山作用有关的一些成矿作用可以达到近地表和地表环境。

/ 外生成矿 /

外生成矿作用是在地表或近地表环境中,在太阳能的影响下,水圈、

火山爆发

大气圈、生物圈和岩石圈表层的相互作用导致的成矿作用。

/ 变质成矿 /

变质成矿发生在地壳的内部，由于地壳构造变动，使原来的内生和外生作用形成的岩石和矿床因所处地质环境的改变，温度、压力和其他热动力条件也随之发生变化，使原来岩石矿石的矿物成分、化学成分、组构及矿物的某些物理性质发生改变。

/ 叠生成矿 /

在先期形成矿床的基础上，又叠加了后期发生的成矿作用，形成具有双重成因的矿床。如石炭纪沉积的黄铁矿矿床常被燕山期的岩浆——热液的铜、金矿化所叠加，形成了两个时代、两种不同成矿作用重叠的叠生矿床。

二、认识矿石

矿石是指可从中提取有用组分或其本身具有某种可被利用的性能的矿物集合体。矿石中有用成分的单位含量称为矿石品位，一般用百分数表示，常用来衡量矿石的价值。

美丽的矿石

矿石按品位的高低一般分为贫矿石、普通矿石和富矿石。采矿过程中采出的矿石，由于废石混入或高品位矿石的损失等原因，使采出的矿石品位降低的现象称为矿石贫化。矿石贫化将增加运输和加工费用，降低矿石加工部门的生产能力和回收率。若废石中含有有害杂质，还将降低最终产品质量。

矿石一般由矿石矿物和脉石矿物组成。矿石矿物即是有用矿物；脉石矿物是指那些与矿石矿物相伴生的、暂不能利用的矿物，也称无用矿物。脉石主要是非金属矿物，但也包括一些金属矿物。在许多金属矿石中，脉石矿物的分量往往远超过矿石矿物的分量。铁矿石里除了铁的氧化物外，还含有难熔化的脉石，一般为含有 SiO_2、Al_2O_3、CaO、MgO 等以及各种金属氧化物跟 SiO_2 结合成的硅酸盐，含 SiO_2、Al_2O_3 较多的脉石称为酸性脉石，含 CaO、MgO 较多的脉石称为碱性脉石。铁矿石在冶炼之前，须经过选矿，弃去大部分无用的物质后才能冶炼。

第二节　铁矿家族的兄弟姐妹

人类使用铁陨石中的天然铁制造铁器至少有 5000 多年历史。目前国内最早的陨铁文物是1972年在河北藁城台西村商代中期（公元前13世纪中期）遗址中发现的铁刃青铜钺。这件古兵器，经全面的科学考察，确定刃部是陨铁加热锻造成的。它表明我国商代人们已掌握一定水平的锻造技术和对铁的认识，熟悉铁加工技能，并认识铁与青铜在性质上的差别。但那时人们还不会利用铁矿石炼铁，而铁陨石又很少，所以当时的铁制品是十分珍贵的物品，于是就想方设法地寻找别的铁矿来源，从而有了以后的古人露天垦土法翻耕出铁矿的成果。

“

你知道黄铁矿为什么被叫作“愚人金”吗？

这其中还有一段故事呢！很久以前，有个爱财如命的老财主，整天逼迫长工们为他干活。一天，地主亲自上山监视长工们是否干活时偷懒。突然，他在一个山谷里发现满地都是黄澄澄的“金子”，地主贪婪地、大把大把地往口袋里装“金子”，直到口袋里再也塞不下了，才跑回家把“金子”藏起来。从这以后，地主也开始干活了。每天夜晚，他就像一个小偷似的摸黑上山，将一袋袋的“金子”往家里搬，直到家里无处可藏才罢手。

有一天，地主挑了指甲那么大一块“金子”到钱庄里去换钱。钱庄的伙计接过“金子”一看，大骂地主是天字第一号大傻瓜，把“金子”给扔出来了。原来，这根本不是什么“金子”，而是一种名叫黄铁矿的矿石。黄铁矿有着与真金一样美丽的金光闪闪的外貌，所以这个财迷心窍的地主才上了一个大当。这就是“愚人金”的来源。

”

/ 黄铁矿 /

黄铁矿的化学成分是FeS_2，颜色为淡金黄色，骤然一看颇似黄金。有着强金属光泽，条痕绿黑色，不透明。

那么，如何识别“愚人金”和真正的黄金呢？判断到底是黄铁矿还是金矿的简单办法有三种：一是看，金矿通常带红色调；二是掂，金矿的分量要重很多；三是划，在不带釉的白瓷板上划出的条痕是金黄色的即是金矿，绿黑色的即是黄铁矿。

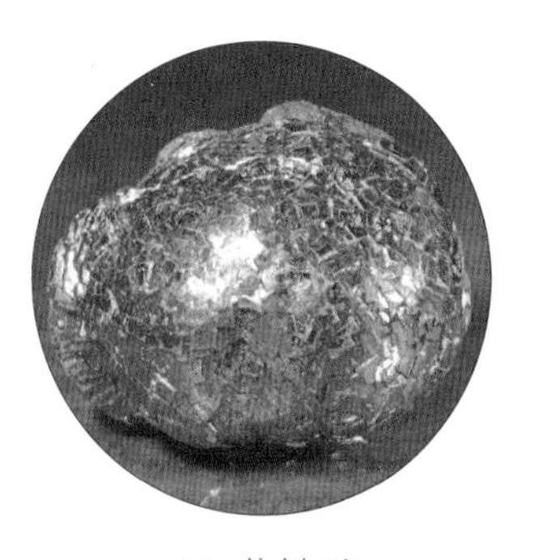

黄铁矿

黄铁矿虽然名为铁矿，其实是不能用来炼铁的。黄铁矿中难以除掉的硫是钢铁的大敌。含硫过多的铁易脆易断裂，而在受热时更是如此。黄铁矿虽不能用来炼铁，却是炼制硫酸的好原料。由于黄铁矿中的铁和硫都会和氧气发生氧化反应，因此黄铁矿可以像煤一样在炉中熊熊燃烧。燃烧后生成的二氧化硫气体可以在催化剂五氧化二钒的作用下，与氧气继续化合而生成三氧化硫，与水反应即可生成硫酸，硫酸是现代工业中必不可少的重要原料。

下面给大家介绍一下铁矿石家族的族谱：

铁矿石家族算是枝繁叶茂，成员众多，目前已发现的铁矿物和含铁矿物约 300 余种，其中常见的有 170 余种。在当前技术条件下，具有工业利用价值的主要有磁铁矿、赤铁矿、褐铁矿、菱铁矿、磁赤铁矿和钛铁矿等。

（1）磁铁矿：主要成分是四氧化三铁（Fe_3O_4），铁黑色，具有金属光泽和强磁性。

（2）赤铁矿：主要成分是三氧化二铁（Fe_2O_3），颜色暗红，没有磁性，俗称红矿。

（3）褐铁矿：主要成分为含水氧化铁（$m\mathrm{Fe_2O_3} \cdot n\mathrm{H_2O}$），因所含杂质的不同，矿石的颜色可呈黄褐色、褐色或黑褐色。

（4）菱铁矿：主要成分为碳酸亚铁（$FeCO_3$），颜色呈黄白色、浅褐色或深褐色，无磁性。

磁铁矿

赤铁矿

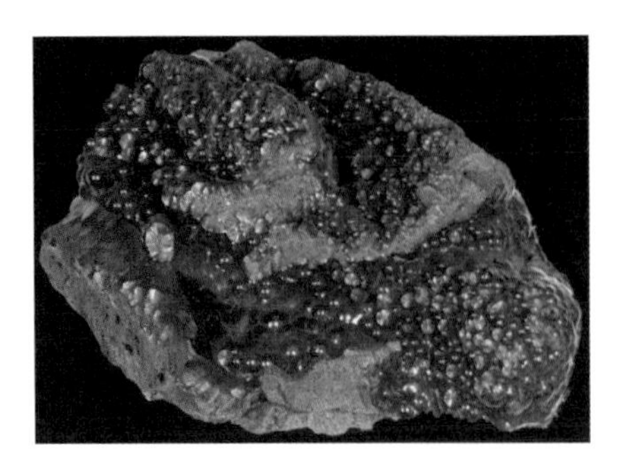

 褐铁矿

菱铁矿

第三节　世界铁矿探寻

世界铁矿资源很丰富，静态保证年限超过百年。由于基础设施建设的快速发展，人们对钢铁的需求也快速增长，面对巨大的需求量，近二十年来，随着勘探设备能力的逐步提高，加大了人们对铁矿的勘探力度，到目前为止已探明的铁矿石基础储量为 3700 亿吨，可开采储量为 1700 亿吨。

铁矿石全球分布现状：巴西、澳大利亚、中国、俄罗斯、哈萨克斯坦、乌克兰、美国、印度、瑞典、委内瑞拉等是世界铁矿资源大国。

富矿在巴西、澳大利亚、印度等国分布较广，且大都具备露天开采条件，开采成本低、品位相对较高的特点使这些国家成为全球主要的铁矿石供应国。

世界矿业巨头有必和必拓、力拓、巴西淡水河谷等，下面详细介绍这三大矿业公司：

必和必拓由两家巨型矿业公司合并而成，现在已经是全球最大的矿业公司。其中，BHP（Broken Hill Proprietary）公司成立于 1885 年，总部设在墨尔本，是澳大利亚历史最悠久、规模最庞大的公司之一；比利顿是国际采矿业的先驱，曾经以不断创新和集约式运营方式而闻名。2001 年，两家公司合并组成 BHP Billiton 矿业集团。

力拓矿业公司成立于 1873 年的西班牙，Riotinto 是西班牙文，意为黄色的河流。1954 年，公司出售了大部分西班牙业务。1962 年至 1997 年，该公司兼并了数家全球有影响力的矿业公司，并在 2000 年成功收购了澳大利亚北方矿业公司，成为在勘探、开采和加工矿产资源方面的全球佼佼者。

巴西淡水河谷是世界第一大矿石生产和出口公司，成立于 1942 年 6 月 1 日，是世界第二大锰和铁合金生产商，是美洲大陆最大的采矿业公司，被誉为巴西“皇冠上的宝石”和“亚马逊地区的引擎”。公司除经营铁矿砂外，还经营锰矿砂、铝矿、金矿等矿产品及纸浆、港口、铁路和能源。

全球主要铁矿石资源国家矿石储量　（亿吨）

国家或地区	2000 年	2005 年	2009 年	2010 年	2012 年	2014 年
美国	100.0	69.0	69.0	69.0	69.0	69.0
澳大利亚	180.0	150.0	200.0	240.0	350.0	530.0
巴西	76.0	230.0	160.0	290.0	290.0	310.0
加拿大	17.0	17.0	17.0	63.0	63.0	63.0
中国	250.0	210.0	220.0	230.0	230.0	230.0
印度	28.0	66.0	70.0	70.0	70.0	81.0
伊朗	—	18.0	25.0	25.0	25.0	25.0
哈萨克斯坦	83.0	83.0	83.0	83.0	25.0	25.0
毛里坦尼亚	7.0	7.0	7.0	11.0	11.0	11.0
墨西哥	—	7.0	7.0	7.0	7.0	7.0
俄罗斯	20.0	250.0	250.0	250.0	250.0	250.0
南非	10.0	10.0	10.0	10.0	10.0	10.0
瑞典	35.0	35.0	35.0	35.0	35.0	35.0
乌克兰	220.0	300.0	300.0	300.0	65.0	65.0
委内瑞拉	—	40.0	40.0	40.0	40.0	40.0
其他国家	170.0	110.0	110.0	110.0	160.0	149.0
世界总计	1400.0	1600.0	1600.0	1800.0	1700.0	1900.0

资料来源：Mineral Commodity Summaries, 2015。

第四节　我国铁矿探寻

我国铁矿资源贫矿多，富矿少，保有储量中贫铁矿石占全国储量的97%，绝大部分铁矿石须经过选矿富集后才能使用。

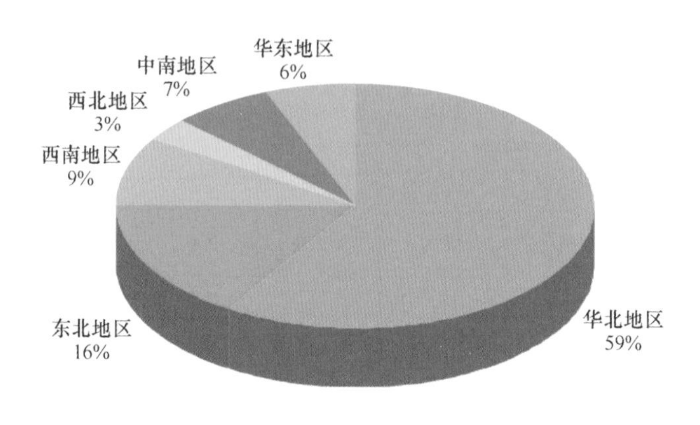

我国铁矿石储量分布

一、东北地区铁矿

东北地区大型矿床主要分布在辽宁省的鞍本地区，部分矿床分布在吉林省，矿石矿物以磁铁矿和赤铁矿为主。鞍本矿区是鞍钢、本钢的主要原料基地。

二、华北地区铁矿

华北地区铁矿主要分布在河北省宣化、迁安和邯郸、邢台等地区。迁滦矿区矿石为鞍山式贫磁铁矿，含酸性脉石，矿石的可选性好。邯邢矿区主要是赤铁矿和磁铁矿，矿石含铁量在40% ~ 55%，脉石中含有一定的碱性氧化物，部分矿石硫含量高。这些矿区是首钢、包钢、太钢等钢铁厂的部分原料基地。

三、中南地区铁矿

中南地区铁矿以湖北大冶铁矿为主，其他如湖南省的湘潭，河南省的安阳、舞阳，江西省、广东省等地都有相当规模的储量，这些矿区分别为武钢、湘钢及本地区各大、中型高炉的原料供应基地。大冶矿区是我国开采最早的矿区之一，储量比较丰富。矿石主要是铁铜共生矿，铁矿物主要为磁铁矿，其次是赤铁矿，其他还有黄铜矿和黄铁矿等。

四、华东地区铁矿

华东地区铁矿产区主要是自安徽省芜湖市至江苏省南京市一带的矿山。此外还有山东省的金岭镇等地也有相当丰富的铁矿资源储藏，这里是马鞍山钢铁公司及其他一些钢铁企业原料供应基地。芜宁矿区铁矿石主要是赤铁矿，其次是磁铁矿，也有部分硫化矿，如黄铜矿和黄铁矿等。

五、攀西地区铁矿

攀西地区属于我国少见富铁矿分布区，成矿条件优越，找矿潜力大，适宜建设大型矿山，有利于综合利用，具有统一规划、实施规模开发优势。攀枝花、西昌地区是我国乃至世界钒钛磁铁矿资源最富集地区之一，目前已查明铁矿资源储量近 100 亿吨，约占全国铁矿资源储量的 15%。其中钒钛磁铁矿约 96 亿吨，占全国钒钛磁铁矿储量的 83%；钒资源储量为 1861 万吨，占全国的 52%；钛资源储量约 6.18 亿吨，占全国原生钛铁矿资源储量的 95%。

六、白云鄂博地区铁矿

白云鄂博地区的矿产资源十分丰富，是中国最大的铁—氟—稀土综合矿床，含有丰富的铁、萤石和稀土。稀土矿和铌矿资源居全国之首，具有工业开采价值的还有石英、磷矿、铜矿、金矿，富钾板岩和石灰石矿等。白云鄂博矿区的工业以白云鄂博铁矿和黑脑包铁矿为主，是包钢和稀土生产原料的主要基地。截至 2012 年，已探明铁矿石储量约 14 亿吨，铌储量 660 万吨，稀土储量约 1 亿吨。白云鄂博蕴藏着占世界已探明总储量 41% 以上的稀土矿物及铁、铌、锰、磷、萤石等 175

种矿产资源，是享誉世界的“稀土之都”。

七、其他地区铁矿

除上述各地区铁矿外，我国西南地区、西北地区各省，如陕西、四川、云南、贵州、甘肃等地都有不同类型的铁矿资源，分别为陕钢、攀钢、重钢和昆钢等大、中型钢铁厂的原料基地。

第六章| 唤醒沉睡的矿山

第一节　开山辟地建粮仓

随着社会的不断发展，人们的需求日益剧增。其中各种现代化的运输工具、基础设施应运而生，钢材作为其筋骨，有着无可替代的地位。作为钢铁的“粮食”，铁矿石已沉睡了上亿年，矿藏被一座座地唤醒，以各种方式被开采出来，为社会的发展贡献着巨大能量。

采矿工业是一种重要的原料采掘工业，采掘加工的主要原料是自然赋存的矿体，而自然赋存的矿大部分在山区或人烟稀少的地区，因此需要在交通、水源、动力等外部条件非常不便利的地点建矿，所以矿山需要合理规划。根据矿体的赋存条件，矿床开采分露天开采、地下开采、海洋开采和溶浸开采四种基本方法。

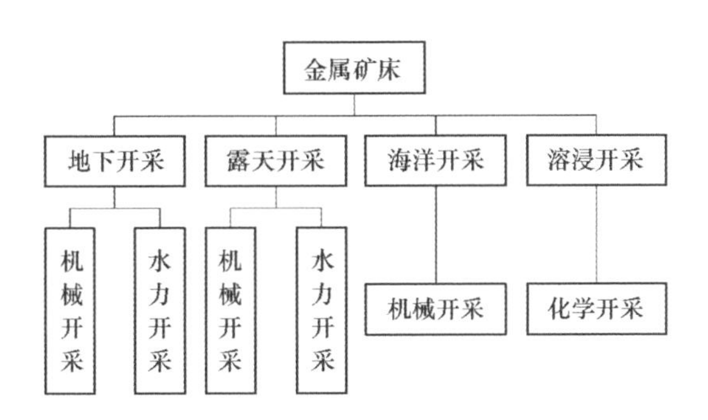

采矿方法分类

露天开采和地下开采是怎样区分的呢?

目前，铁矿开采一般采用露天和地下两种开采方式。接近地表和埋藏较浅的部分采用露天开采，深部矿体则采用地下开采。下面我们就来了解一下这两种矿山开采方式。

对于一个矿体，是用露天开采还是用地下开采，取决于矿体的赋存状态。若用露天开采，这里存在一个深度界线问题，深度界线的确定主要取决于经济效益。一般来说，境界剥采比如少于或等于经济合理剥采比的，可采用露天开采，否则就采用地下开采方法。

一般，矿体浅部以露天开采为主。露天开采相当于地上挖坑，成本低、设备简单，经济效益好。深部矿体采用地下开采方式，相当于地下打洞，主要开拓方式有竖井、平硐、斜井及斜坡道这四种单一方式，以及这四种方式组合的联合开拓。地下开采过程主要由开拓、采准、回采三个阶段组成。

总而言之，矿产资源是有限的，矿山开采工作必须坚持“贫富兼采”“大小、厚薄兼采”的原则，做到珍惜资源，充分利用资源。

第二节　愚公移山式的露天采矿

“愚公移山”的故事大家还记得吗？传说中太行、王屋两座山，周围七百里，高七八千丈。北山下有一位老人，年近九十，向山而居。他苦于山区北部的阻塞，出来进去都要绕道，便下决心挖平险峻的大山。亲戚和邻居都说不可能，但他力排众议，率领儿孙上了山，凿石挖土，用簸箕运到海边，带着子孙日复一日挖土移山。他的精神感动了天神，两座山在人和神的共同努力下被移开了，出行变得方便多了。

由于各种金属矿脉或矿体的地表露头、坡积或残积矿床很多，埋藏较浅，可以在敞开的空间里开采作业。从古代开始，露天开采都是一种重要的采矿方法。

露天开采是从地表开始逐层向下进行的，每一水平分层为一个台阶，采场不断向下延伸和向外扩展，直至达到设计的最终境界。

露天矿分为山坡露天矿和凹陷露天矿。

露天开采一般需要经过地面场地准备、矿床疏干和防排水、矿山基建、矿山生产和地表恢复等步骤。露天矿生产工艺过程包括穿孔、爆破、采装、运输、排土等工序。防排水、通风（深部露天矿）等辅助工序也是在各个主要生产工艺过程中需要考虑的问题。

■ 山坡露天矿

■ 凹陷露天矿

露天矿山全貌

一、现代露天矿山的主要设备

大型露天矿的开采采用非井式开采，是将剥离层剥离后进行开采，有连续和半连续式，所使用的设备主要有牙轮钻机、皮带机、排土机、拉斗大电铲、矿用大型电动轮汽车、移动破碎站、皮带转载机等。下面详细介绍牙轮钻和电铲。

/ 牙轮钻 /

牙轮钻是一种钻孔设备，多用于大型露天矿山。半个世纪以来，露天穿孔设备经历了“磕头钻”、喷火钻、冲击（潜孔）钻的发展，最终牙轮钻机以钻孔孔径大、穿孔效率高等优点成为大、中型露天矿山目前普遍使用的穿孔设备。美国生产牙轮钻的公司主要有三家：不塞露斯－伊利（BE）、英格索兰公司（I-R）和哈尼希贝格（P&H）公司。瑞典的阿特拉斯公司也十分有名，我国中钢集团衡阳重机有限公司

牙轮钻

和南昌凯马也生产此类设备。

/ 电铲 /

电铲又称绳铲、钢缆铲，即机械式电动挖掘机，是利用齿轮、链条、钢索滑轮组等传动件传递动力的单斗挖掘机，其动力主要由电动机或机组由外部输入电能驱动，是现代各种露天矿的主要采掘设备。其生产已有百年历史，目前国内有太原重工生产的最大斗容为 75 立方米的电铲。

■ 电铲

二、矿山建设

矿山的投产，都要进行大量辅助设施的建设。矿山建设包括矿井建设及矿区供电、供水、道路等工业配套设施和大量的住宅、公共工程等民用建筑设施建设。

不同矿山、同一矿山的不同矿段矿体赋存条件千差万别，开采过程中成本不断增高，要求采取不同的采矿方法，开展综合利用，以降低采矿成本。

采矿方法的选择应根据矿体的赋存特征和开采技术条件，从实际出发，并应遵循安全、合理利用矿产资源和最佳的经济效益为原则，经过技术经济比较，进行实验和试采，并经主管部门批准后确定。生产矿山改变采矿方法时，须进行可行性研究或试验，并经原审批单位批准。

第三节　迷宫取宝式的地下开采

地下采矿就是安全地把矿从地下矿床里分离出来并运至地表。为形成完整的开拓、装载、运输、通风、排水等系统，需要开掘竖井、通风井、运输等巷道，使矿床与地表连通。通过几代矿山人的不断总结及实践，最终形成了一套完整的开采系统——矿山八大系统。

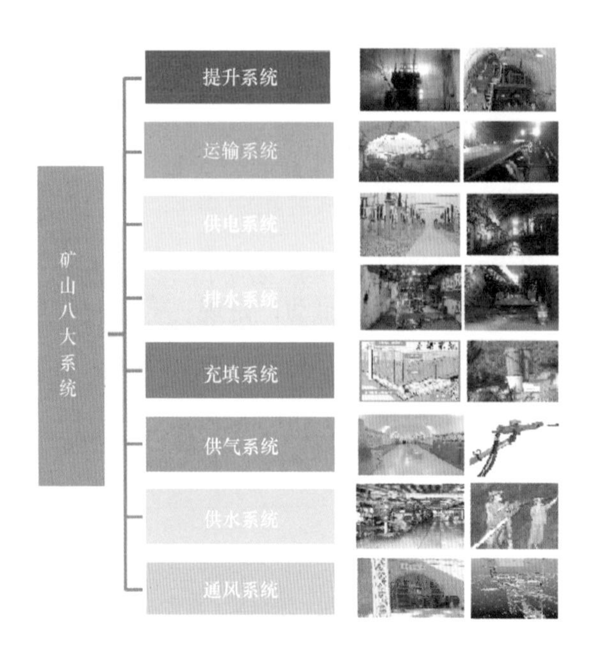

矿山八大系统

一、矿山八大系统

如何从迷宫深处取出“宝藏”呢？

从战国时期人们就开始研究地下开采的通风、照明、提运、排水。为了开采地下矿床，需要从地表向地下掘进一系列井巷工程通达到矿体，建立完整的提升、运输、通风、排水、供电、供气、供水、充填等生产系统及其辅助生产系统，以便把人员、材料、设备、动力和新鲜空气送入地下，同时把矿石、废石、矿坑水、污浊空气等送到地面。

铲运机

二、地下采矿的“通道”

为了开采地下矿床，需从地面掘进一系列巷道通达矿体，使之形成完整的提升、运输、通风、排水和动力供应等系统，称为矿床开拓。

■ 地下开采巷道模型

井下矿床开拓方法分为两大类：单一开拓法和联合开拓法。选择何种开拓方法与矿床的地质条件、水文条件、矿岩的力学性质等有关，在经过综合的技术经济比较后，选择合适的开拓法。

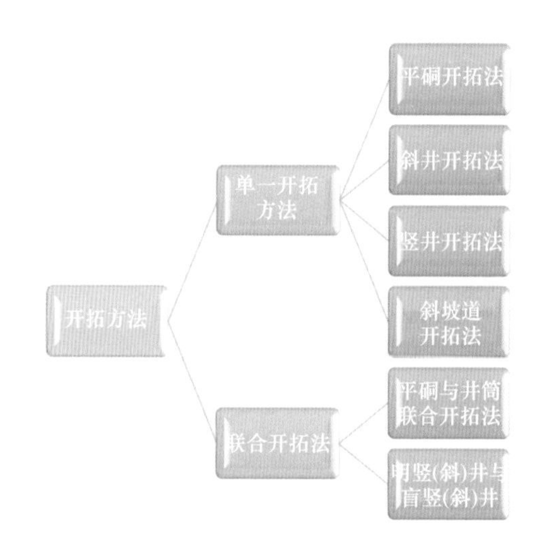

■ 地下矿开拓方法

三、地下采矿方法

为了安全、高效、有序地进行地下采矿，需要依据矿体的赋存条件选择合适的采矿方法。采矿方法分为三大类：空场法采矿法、充填采矿法及崩落采矿法。

/ 空场采矿法 /

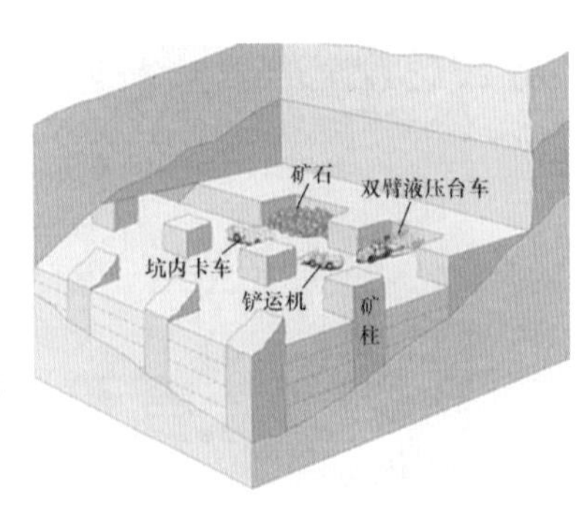

空场采矿法是将矿块划分为矿房和矿柱，先采矿房，后采矿柱，矿房回采过程中出现的采空区，主要依靠矿岩本身的稳固性和留下的矿柱得以支撑而敞空不垮，采矿人员在敞空的矿房里进行各种采矿作业。矿房采完后，及时回采矿柱，处理采空区。

/ 充填采矿法 /

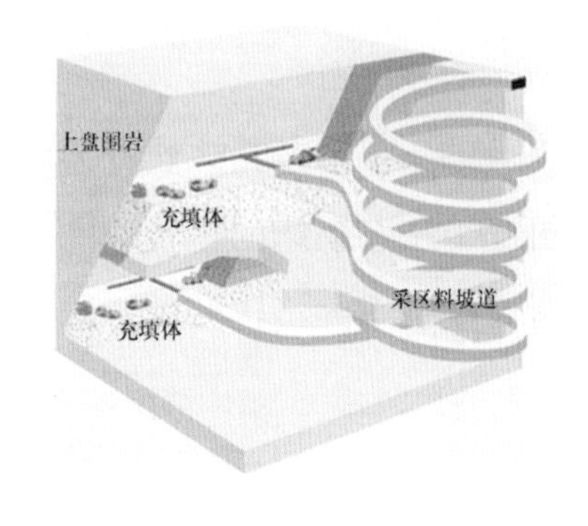

充填采矿法属人工支护采矿法。在矿房或矿块中，随着回采工作面的推进，向采空区送入充填材料，控制矿体周围岩石崩落和地表移动，并在形成的充填体上或在其保护下进行回采。所用于充填的材料可以是砂、碎石、选厂尾砂或炉渣，也可以是水泥、石灰等胶凝材料。

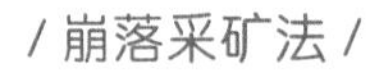
/ 崩落采矿法 /

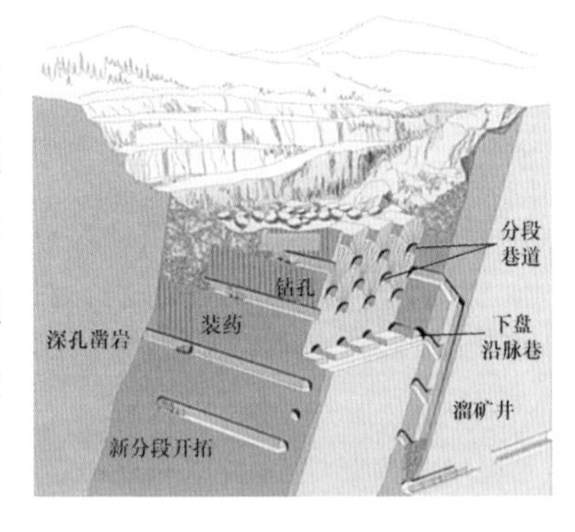

崩落采矿法与空场法、充填法截然不同，是以崩落矿体周围的岩石来实现地压管理的采矿方法。矿石在人工支护下采出后，强制（或自然）崩落围岩，用以填充采空区，控制地压。该方法不但没有回采矿柱的任务，也无需另行处理采空区。

 第四节　炮声隆隆中话安全

谈起爆破，人们就有种谈虎色变的感觉。爆破作业是破碎矿岩的主要手段，无论是露天开采、地下开采，还是井巷掘进，爆破都是矿山开采中必不可少的工序，爆破事故也是矿山常见的伤亡事故之一。爆破物品从采购、运输、储存、保管、分发、加工、使用等过程稍有不慎将会发生严重

事故，不但造成矿山系统和采矿设备的破坏，影响露天边坡或地下采空区的稳定，而且会导致作业人员伤亡，后果十分严重。

露天生产过程中，爆破危害主要有地震、冲击波、个别飞石、有害气体、粉尘、噪声、早爆、拒爆事故等。炮声让人们更加关注矿山的安全建设，经过几十年的血的教训，我们不断地创新和实践，逐步总结出一套安全可行的矿井安全避险六大系统。

21 世纪是信息主导的世纪，“数字化生存”已成为知识经济的标志，信息技术的飞速发展，给中外采矿企业带来了巨大冲击。近年来，矿山事故频繁发生，由于事故伤亡人数多、损失程度大、社会影响严重，安全生产问题一直受到社会广泛重视。通过对 2009~2011 年矿山事故发生起数、伤亡人数等进行统计分析，找出影响矿山安全的主要事故类型，国家安全监管总局推出“六大系统”来进一步提高矿山安全保障能力，从理论上分析了“六大系统”能够大幅度降低这些事故发生率的原因，说明了“六大系统”在改善矿山安全生产状况方面能够产生的积极作用。

隆隆炮声震醒了我们麻木的态度，震醒了我们对于安全的防范意识，面对矿山高危行业，我们要做到规范操作，防患于未然，在心里筑起安全之堤。

矿井安全避险六大系统

第五节　矿山未来发展方向

未来矿山行业的发展方向——绿色、高效、智能。将信息通信技术与工业深度融合，实现以网络化、数字化为基础的智能制造。

近年来，绿色低碳已成为世界发展趋势，数字化作为实现快速创新开发的核心技术，随着信息技术的进步，出现了以先进传感器及检测监控系统、智能采矿设备、高速数字通信网络、新型采矿工艺过程等集成化为主要技术特征的“无人矿山”。

在某个城市的高楼大厦内，某矿业集团远程营运中心顶端巨大的屏幕上，红绿黄等各种灯光不断闪烁，显示着该公司旗下的每座矿山、每个港口和每一条铁路之间铁矿石运输流程和各种生产进度，并通过监控设备一一呈现在人们眼前。

这让人们惊叹互联网技术使现代工矿业“脱胎换骨”，实现了“运筹帷幄之中，决胜千里之外”，同时也以更多的安全保障，展示了真正的“工业之美”。

矿山废弃地的生态修复工作正在我国各地广泛地展开，并已取了明显的成效。在这样的背景下，积极进行矿山生态修复模式的探索，使矿山重建目标从单纯的植被恢复向新兴替代产业转变，是十分必要的。依据城市总体规划，在城市的近中郊范围内，选择类型适宜的矿山废弃地建设矿山遗址公园、生态示范公园、环保科普公园、小游园等多种类型的景观绿地，不仅可以使矿山废弃地重新赋予活力和文化内涵，同时也是对城市景观绿地体系的有益补充。

我国目前建有 60 余处国家矿山公园。其中，位于湖北省黄石市的黄石国家矿山公园中国首座国家矿山公园，也是国家 AAAA 级景区。黄石国家矿山公园拥有亚洲最大的硬岩复垦基地，“矿冶大峡谷”为黄石国家矿山公园核心景观，形如一只硕大的倒葫芦，东西长 2200 米、南北宽 550 米、最大落差 444 米、坑口面积达 108 万平方米，被誉为“亚洲第一天坑”。

黄石国家矿山公园占地 23.2 平方公里，分设大冶铁矿主园区和铜录

黄石国家矿山公园矿冶大峡谷

山古矿遗址区。大冶铁矿全力推进“日出东方、矿冶峡谷、矿业博览、井下探幽、天坑飞索、石海绿洲、灵山古刹、雉山烟雨、九龙洞天”等九大景观建设，旨在全方位、多层次展示矿山历史与矿冶文化、高端休闲与大众娱乐、现代元素与怀旧情结完美结合的工业遗产旅游魅力。

未来我国铁矿产业布局应遵循“技术、经济、环境”相统一的原则，通过矿业经济区建设，实施差异化管理，引导区域铁矿产业结构调整，优化结构，实现我国铁矿产业布局科学、合理。金属矿山采矿技术研究趋向高效采矿、绿色采矿、深部采矿、无人采矿（智能采矿）等。

第七章 | 淘尽泥沙，选出真“金”

第一节　淘金和炼金

一、古老的淘金术

唐朝诗人刘禹锡的《浪淘沙》中有这样的诗句：

诗的意思是，不要说流言蜚语如同恶流一样使人无法脱身，不要说被贬谪的人好像泥沙一样永远下沉。淘金要千遍万遍的过滤，虽然辛苦，但只有淘尽了泥沙，才会露出闪亮的黄金。

淘沙采金，是中国民间最古老最原始的选矿方法。就是在洗沙槽底铺上毛布或毛毡，洗沙后沙金（河流底层沉积的含金层）就留在毛布上，获得金子。用水淘沙子，金子很重会沉到最下面，将沙子淘完了就是金子了，这就叫“淘尽黄沙始见金”。

诗人刘禹锡虽屡遭贬谪、坎坷备历，但气概豪迈、斗志不衰，到最后终能证明自己不是无用的废沙，而是光亮的黄金。他这一经历恰恰说明了淘金和选矿的真谛：除去矿石中所含的大量脉石及有害元素（泥沙），使有用矿物得到富集，或使共生的各种有用矿物彼此分离，得到一种或几种有用矿物的精矿产品（黄金），即去芜存菁。

二、神奇又神秘的“炼金术”

据传我国古代用鸭子进行“生物炼金”。“生物炼金”系指从含金的沙子中淘得沙金后，经一定比例的盐酸溶液除去沙金中溶于盐酸中的杂质，用清水漂洗沙金，直至完全去掉盐酸。用这种处理过的金粉拌入糠粮之中喂养鸭子，收集鸭屎淘出金粉，淘洗后再拌入糠粮中喂鸭，如此反复三次，到第四次喂以纯糠，使鸭肚中剩余的金粉尽可能全部排出。把全部鸭屎集中淘洗，分离出金粉末。据分析这种金粉成分很纯。一只鸭一个炼金周期约能炼二两黄金。这就是中国古代的生物炼金术。

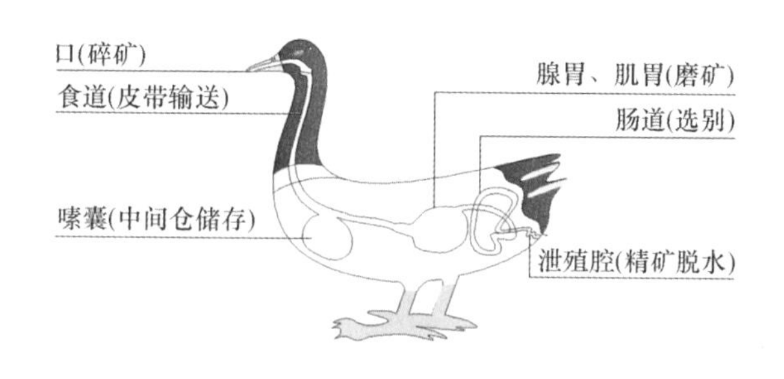

古代鸭子“生物炼金”图

这种土法生物炼金术是利用鸭消化系统里的胃酸和消化系统收缩摩擦的奇异功能完成的。考古发现一些古代小件黄金制品，其炼制质量甚至超过现代技术炼制黄金的质量。这些金制品的炼金集物理、化学、生物原理于一体，从外观上看色彩柔和、质地细腻，现代工艺制品往往是不能与之伦比的。

现代选矿的原理类似于古法生物炼金术，即利用破碎机将矿石破碎变小后，进入球磨机加水碾磨，使嵌布在矿石中的有用矿物达到单体解离，再根据不同矿物的理化性质，采用重选法、浮选法、磁选法、电选法等，将有用矿物与脉石矿物分开，并使各种共生的有用矿物尽可能相互分离，除去或降低有害杂质，以获得冶炼或其他工业所需的原料。

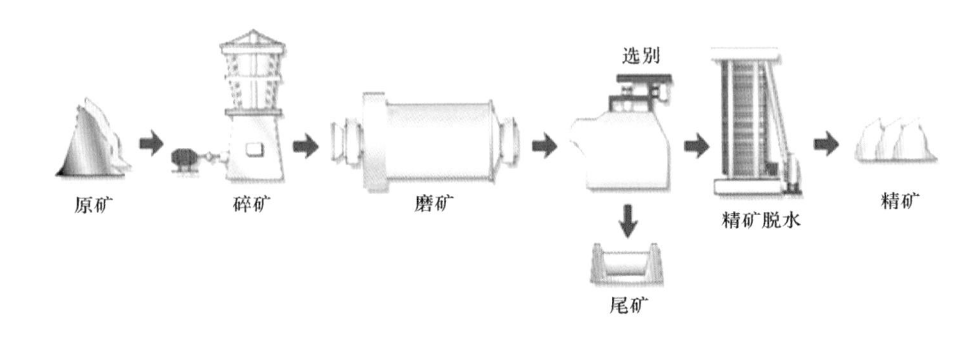

■ 现代选矿常见流程图

下面就让我们一步步走进真正的选矿世界，去揭开它的神秘面纱吧！

第二节　破碎再筛粗变细

铁矿石的一生也许注定是要历尽磨难的！

亿万年前它和那些华贵的美玉、玛瑙、钻石、翡翠一样经历了地壳挤压、熔岩洗礼、风吹雨打……最后冷却沉淀并深深埋藏。我们又将这些藏在大山深处的宝藏（可用矿产）勘探、发掘出来，通过破碎、磨矿、洗选、焙烧、冶炼、浇铸等一系列工艺使它成材。

铁矿石的这一段经历，恰恰跟孙悟空大闹天宫后刀砍斧剁、雷劈火烧、毒侵酒泡……然后五百年山下封印，十万八千里取经险途很相似。

破碎就是九九八十一难的第一难，那么铁矿石要怎么渡过这一关呢？

一、分身有术

影视剧中孙猴子一身毫毛能够变化出千千万万个分身，但是铁矿石由大变小可没有这么容易了。首先，大块铁矿石经料仓由给料机输送进粗碎机进行破碎，粗碎后的石块再输送到中碎机和细碎机进行进一步破碎；细碎后的石块由输送机送进振动筛进行筛分，筛分出各种规格大小的矿石，满足粒度要求进入下一步的磨矿作业，不符合粒度要求的由输送机返回细碎机进行再次破碎，形成闭路多次循环。

铁矿石就在这样的闭路循环中完成了由粗变细的变身。

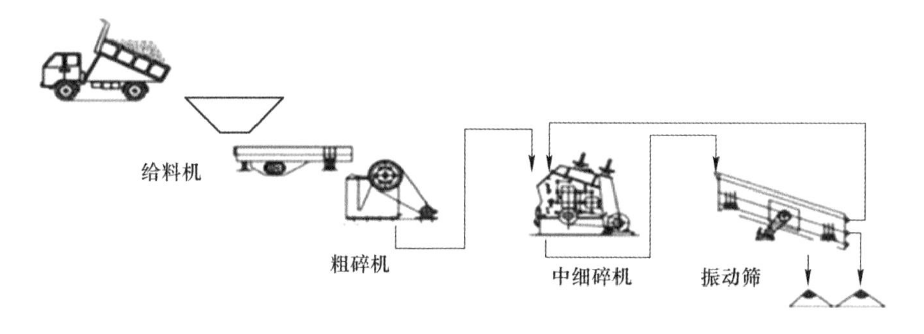

■ 破碎流程图

二、碎石有器

孙悟空在由“石猴”到“齐天大圣”、到“孙行者”、再到“斗战胜佛”的过程中，先后经历了“菩提门规、天宫教条、紧箍咒、佛门戒律”等一系列打磨，而铁矿石在破碎这一难里也遇到了各式各样的关卡，比如给料机、粗碎机（旋回破碎机、颚式破碎机）、细碎机（圆锥破碎机、反击式破碎机）、振动筛等，铁矿石必须满足这些破碎设备的粒度要求才可以过关。

■ 颚式破碎机

■ 圆锥破碎机

这些不同类型的设备，根据不同的工艺要求，形成不同的组合方式，以处理各种不同秉性的石头。

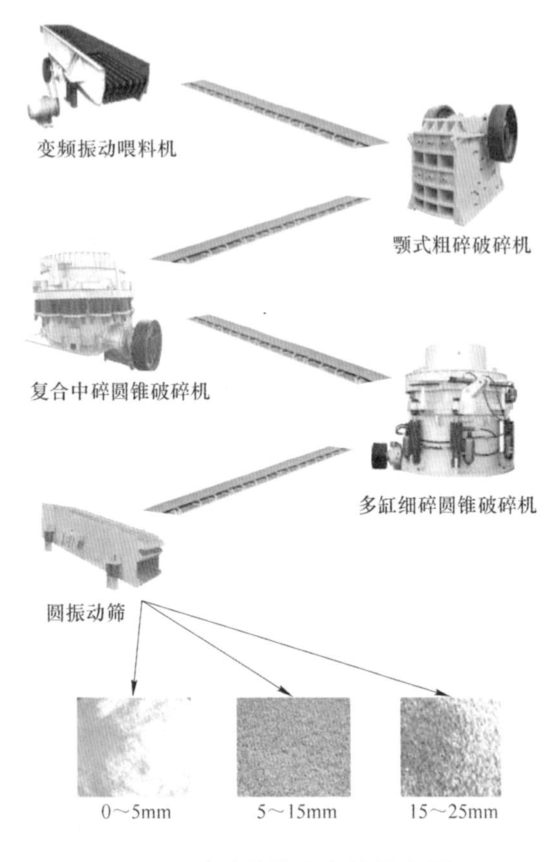

破碎分选生产线示意图

第三节　千磨万碾细如泥

磨矿就犹如食物在胃中的蠕动消化过程，从进入胃到离开胃的一系列流程，就是磨矿工艺。磨矿工艺是矿石破碎过程的继续，是矿石选别前准备作业的重要组成部分，也是矿石在选别前的最后一次加工。

在选矿过程中，有用矿物嵌布在矿石里，就像核桃仁包裹在核桃壳中，为了吃到核桃仁，就需要把核桃壳敲碎并除去。同样，为了把有用矿物和脉石相互分开，必须将铁矿石磨细才能将磁铁颗粒拿出来。磨矿的目的是要使矿石中有用成分全部或大部分达到刚好能分离的颗粒尺寸，因而，掌握适宜的磨矿颗粒大小，以达到选别作业的要求，这就是磨矿工艺的艺术。

一般而言，磨矿工艺是磨矿和分级的组合，磨矿是将粗颗粒食物在胃中碾碎成细颗粒，起碾磨作用，而分级是将粗的颗粒拦下返回胃中再粉碎，将磨碎产物分为合格产物和不合格产物。不合格产物返回磨矿机再磨，以改善磨矿过程，起着把关作用。

磨矿和分级这对黄金搭档组合，犹如牛羊对饲料的咀嚼和反刍，在选矿学中称之为闭路磨矿，通常在原矿石较硬且对最终产品颗粒要求较细时的工艺中出现，比如在铁矿、铜矿等选厂中都有它们的影子。不过也有磨矿形单影只的时候，没有了反刍，只有碾磨，如同鸡鸭对食物的消化，在选矿中称之为开路磨矿。

在铁矿选矿生产中，由于一次磨矿达不到选别工艺的粒度要求，这就需要好几次磨矿过程，并且需要分级设备使达不到要求的颗粒返回再磨，我国选矿行业大多都采用两段闭路磨矿工艺流程。

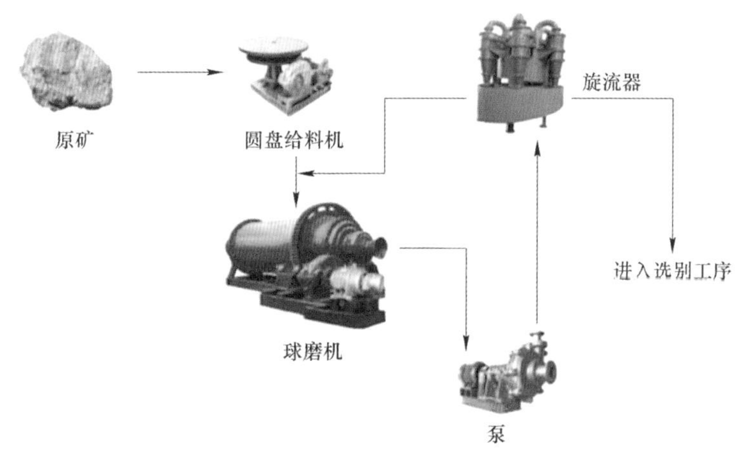

某厂磨矿流程联系图

谈到磨矿设备，就不得不提球磨机。球磨机家族于 1876 年问世，开始这些元老们都是“低能儿”，直到 1891 年 6 月 30 日，法国人 Konow 和 Davidson 申请了第一台连续生产的管式球磨机专利，标志着球磨机的一大跨越，至此球磨机开始在工业历史舞台上大显身手，这种球磨机结构也一直沿用至今。

球磨机的形状很独特，它身体最大部位是个圆筒，这是球磨机的“胃”，如同鸡鸭吞食石子来消化谷物一样，球磨机里装有钢球、钢棒等来碾磨矿石，当它工作时，整个“胃”都在转动，钢球被带起、抛落对矿石产生冲击力，从而达到破磨效果，使矿石粒度由粗变细。

球磨机和钢球

第四节　去“尾”留“精”露真金

“淘尽泥沙露真金”是对沙河淘金最形象的描述，“淘金”其实是选矿过程的最早的原型之一，铁矿选厂主要借助于磁选、浮选和重选等工艺，或几种选矿工艺的组合工艺使精矿聚集，抛除尾矿。

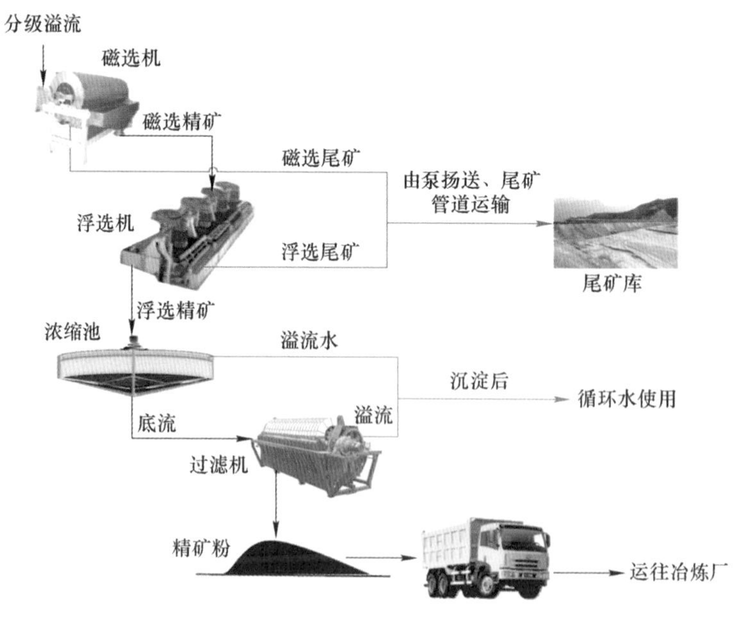

铁矿选厂一般生产工艺流程

一、去“尾”留“精”磁选法

早在5000年前人类就已经发现天然磁铁，闻名遐迩的中国古代四大发明之一——司南，就是用磁石制成的。在以后很长的一段时期内，人们都用磁石来指示方向，磁石在古代航海中起了很大的作用。

■ 中国古代四大发明之一——司南

相传秦始皇为保护自身安全在阿房宫前殿北阙垒磁石为门，形成“磁石门”，其作用是为防止行刺者，入门时磁石的吸铁性能使“隐甲怀刃者”不能通过，同时也向“四夷”朝觐者显示神奇，使其惊恐却步，不敢有异心而慑服，故亦称“却胡门”。

■ 秦阿房宫磁石门（仿造）

小的时候，我们经常玩一种游戏，用一块磁铁在沙子里面来回地拨动，很快磁铁上就沾满了很多小颗粒，年少的我们当时肯定觉得很神奇，很好奇磁铁沾上的东西是什么，是石头吗？答案是肯定的，这是一种特殊的石头，它就是磁铁矿石。利用磁选法对磁铁矿进行选别的道理就和这个游

■ 磁铁磁场效果图

戏一样，磁铁本身具有磁性，能够形成磁场，将磁铁矿中具有磁性的磁铁吸附出来，同其他的不具有磁性的杂质分离开来。

人们利用磁铁的这一特点，将很多磁块黏结在一起，组成扇形的磁系，然后用钢板将磁系包裹起来，形成一个圆筒，这就是磁选的主要设备磁选机的筒体，再与具有特殊构造的槽体结合在一起，就组成了磁选机。1890 年，美国的博尔 (C. M. Boll) 等人发明了电磁磁系的圆筒式磁选机，磁选机才正式应用于选矿，其后相继出现了多种结构的选别强磁性矿物的干式和湿式弱磁场磁选机。20 世纪 50 年代中期，开始出现了以铝镍钴合金作为磁系的永磁磁选机，后来又逐渐以价格低廉、原料来源广的铁氧体永久磁铁代替铝镍钴合金。1965 年，中国采用自己生产的锶铁氧体磁铁构成磁系，设计、制造了永磁圆筒式磁选机，并在其后的几年普遍推广。

永磁圆筒式磁选机

利用磁选机进行选矿时，类似于人体对食物的摄入、营养吸收和废物排泄过程，通过简单的水洗和磁力作用将金属含量高的磁性矿粒富集起来，而那些脉石等非磁性矿物组成的矿浆则由尾矿排矿口排出，这一点类似于人体的排便过程，这样磁选过程就完成了。

二、精益求精浮选法

经过磁选选出的铁矿矿粒，已经比较细了，这个时候再想利用磁选提高矿粒的品位，已经比较困难了，对于细颗粒矿石的进一步选别，就需要利用浮选进行选矿。中国古代曾利用矿物表面的天然疏水性来净化朱砂和滑石等矿质药物，使矿物细粉飘浮于水面，而与下沉的脉石分开。

明《天工开物》记载金银作坊回收废弃器皿和尘土中的金、银粉末时“滴清油数点，伴落聚底”，就是利用表面性质的差异进行分选的方法。

浮选作为一种选矿方法被明确提出是在19世纪末，1904年浮选设备在澳大利亚首次获得工业应用。

浮选机组

生活中，淘米我们大家都见到过，颗粒饱满的大米在水中浸湿后都沉到了水底，而那些干瘪的空壳、杂质等则浮在水面上，这个时候我们通过倒出水让那些杂质随着水流流走，这和反浮选的道理是相通的。但浮选与淘米的不同之处在于，浮选必须借助药剂的作用，扩大物料之间的疏水亲水性差异，使有用矿物和脉石得到分离选别。在铁矿浮选过程中，矿浆中铁矿石密度较大较重，一般沉在矿浆底部，而脉石杂质并不一定能浮在水面上，这个时候捕收剂和起泡剂等药剂就发挥了作用，药剂产生的泡沫能使脉石杂质吸附在泡沫上，而由于泡沫浮在矿浆表面，被浮选机的刮板刮出，这样脉石杂质和铁矿就得到了有效的分离，达到分选的目的。由于浮选受入料的粒度、浮选环境等影响较大，因此磨矿细度、矿浆浓度、矿浆酸碱度、药剂制度、充气和搅拌、浮选时间、水质和矿浆温度等对浮选效果均有较大影响，必须严格控制。

第五节　尾矿去安家　真金踏征程

选矿产物中，除精矿外，有用组分含量较低、尚无法用于生产的部分被称为尾矿。尾矿由泵扬送，经过尾矿管道输送至尾矿库，经堆存沉淀后堆积，终于在尾矿库“安家”，尾矿水排放到指定地点再循环利用。

尾矿库

尾矿库坝体

尽管在当下尾矿看似是没有什么用处的废物，但其实每一座尾矿库都是一个潜藏着巨大价值的宝藏，其中蕴含着多种有用的金属和非金属矿物，若弃之不用，将会造成资源的极大浪费。随着材料科学的不断进步，尾矿综合利用日益被重视，例如，尾矿可作为矿山地下开采采空区的充填料，还可用来生产建筑材料，如微晶玻璃、建筑陶瓷、水泥、铸石制品、玻璃制品、肥料、灰砂砖、免烧砖、人造石、工艺美术陶瓷、日用陶瓷原料、混凝土等。

微晶玻璃

人造石

经过浮选选别后的铁精矿以矿浆形式存在，其浓度较低，再经浓缩池浓缩、过滤机脱水后，一般可以得到较低水分的铁精矿，精矿通过皮带、汽车或火车等方式运往烧结厂进行烧结，踏上真正的“征程”，而过滤水经沉淀池沉淀澄清后，循环复用。

过滤后的精矿粉

接下来，“铁粉”们将坐上汽车、火车赶赴下一站——烧结厂，在这里它们将与“小伙伴”（焦炭、石灰石等）

见面增进感情，深度“熔合”变成烧结矿。烧结矿再与焦炭一起进入高炉内进行高温冶炼，去除杂质后变成纯度较高的铁水。再经过转炉冶炼，进一步降低铁水中的碳元素含量，添加部分合金元素，变成合格的钢水。最后，再经过冷却、轧制变成供人们使用的各种钢材。